少年知本家
身边的科学
SHAONIAN ZHIBENJIA SHENBIAN DE KEXUE

漫长的地貌变化

胡 郁◎主编

时代出版传媒股份有限公司
安徽美术出版社
全国百佳图书出版单位

图书在版编目（CIP）数据

漫长的地貌变化/胡郁主编.—合肥：安徽美术出版社，2013.3（2021.11 重印）（少年知本家.身边的科学）
ISBN 978-7-5398-4261-5

Ⅰ.①漫… Ⅱ.①胡… Ⅲ.①地貌学－青年读物②地貌学－少年读物 Ⅳ.①P931-49

中国版本图书馆 CIP 数据核字（2013）第 044155 号

少年知本家·身边的科学
漫长的地貌变化
胡郁 主编

出 版 人：	王训海
责任编辑：	张婷婷
责任校对：	倪雯莹
封面设计：	三棵树设计工作组
版式设计：	李 超
责任印制：	缪振光
出版发行：	时代出版传媒股份有限公司
	安徽美术出版社（http://www.ahmscbs.com）
地　　址：	合肥市政务文化新区翡翠路 1118 号出版传媒广场 14 层
邮　　编：	230071
销售热线：	0551-63533604　0551-63533690
印　　制：	河北省三河市人民印务有限公司
开　　本：	787mm×1092mm　1/16　印张：14
版　　次：	2013 年 4 月第 1 版　2021 年 11 月第 3 次印刷
书　　号：	ISBN 978-7-5398-4261-5
定　　价：	42.00 元

如发现印装质量问题，请与销售热线联系调换。
版权所有　侵权必究
本社法律顾问：安徽承义律师事务所　孙卫东律师

前言 PREFACE

漫长的地貌变化

地球是我们赖以生存的家园。她是一片古老而又生机勃勃的土地。由于地理纬度、海陆分布、地形等地带性因素和风化、雨水侵蚀等非地带性因素，这片土地上形成了无尽的自然奇观。面对这些自然奇观，我们甚至无法用文字描述出心中的震撼。于是，我们只好感叹大自然的鬼斧神工！

这些自然奇观是漫长的地貌变化的结果，它们分布在世界各地，有些远在杳无人烟的南极洲，有些在茂密的原始森林，有些在波涛汹涌的大海……我们虽然无法一一造访它们，但是我们却可以通过文字、图片、影像等资料感受它们带给我们的震撼。

我们组织编写这本书，正是希望通过图文并茂的形式开阔广大青少年朋友的眼界，让广大青少年朋友感受地貌变化的神奇魅力！

为了反映漫长地貌变化所导致的自然奇观的全貌，我们在编写本书的过程中，精心筛选了全球五大洲、四大洋上最具代表性的景观。当然，地球上的奇观实在太多了，我们无法在一本书中把它们的靓丽身影都呈现出来。

不过，所谓"管中窥豹，略见一斑"。相信广大青少年朋友在翻阅本书之后，自然会对地球上漫长的地貌变化有一个比较清晰的认识了。为了做到这一点，我们在编写本书的过程中始终坚持"内容翔实、文字精练、图片精美"的原则，并为之做了大量的努力。

除精心筛选了五大洲、四大洋最具代表性的奇观外，我们还精心地对所选奇观进行了分类。这在本书的目录和结构安排上都能反映出来。我们将入选本书的自然奇观分成了八类，这八类分别是名山传奇、水的变奏曲、峡谷和岩洞、岛屿和海湾、冰火两重天（即冰川与火山）、浩瀚的沙海、国家公园和其他奇观。

我们在对自然奇观分类的同时兼顾了地域原则，尽量把属于同一地域的奇观安排在一起。比如本书第二章的"鸣沙山与月牙泉"，前者本应安排在"浩瀚的沙海"一章中。但鸣沙山与月牙泉是一个完整的风景区，所以我们就把它们放在了一起。

当然，由于大自然的丰富多彩，任何一个奇观都或多或少的带有其他类奇观的特点。如"国家公园"一章就涉及许多冰川和火山的奇观。不过，这些国家公园除了冰川和火山以外，还有更丰富的景色。这样看起来，我们对本书的结构安排似乎不甚合理。但是，面对大自然的丰富多彩，我们有时候不得不感叹人力之渺小啊！

CONTENTS 目录
漫长的地貌变化

名山传奇

黄　山 ………………………… 2
庐　山 ………………………… 5
雁荡山 ………………………… 7
丹霞山 ………………………… 10
长白山 ………………………… 11
火焰山 ………………………… 15
珠穆朗玛峰 …………………… 17
富士山 ………………………… 20
阿尔卑斯山 …………………… 21
比利牛斯山 …………………… 24
鲁文佐里山脉 ………………… 26
蓝　山 ………………………… 28

水的变奏曲

鸣沙山与月牙泉 ……………… 32
黄果树瀑布 …………………… 34
纳木错 ………………………… 36
苍山洱海 ……………………… 38
"三江并流" …………………… 41
青海湖 ………………………… 44
喀纳斯湖 ……………………… 46
天山天池 ……………………… 48
维多利亚瀑布 ………………… 50
死　海 ………………………… 52
亚马孙河 ……………………… 54
尼亚加拉大瀑布 ……………… 57

峡谷和岩洞

长江三峡 ……………………… 60
雅鲁藏布江大峡谷 …………… 62
虎跳峡 ………………………… 64
东非大裂谷 …………………… 66
布莱斯峡谷 …………………… 68
死　谷 ………………………… 70
科罗拉多大峡谷 ……………… 73
卡尔斯巴德洞窟 ……………… 75

岛屿和海湾

下龙湾 ………………………… 80
扎沃多夫斯基岛 ……………… 82
吉罗拉塔湾、波尔图湾和斯康多拉保护区 …………………… 84
博拉－博拉岛 ………………… 86
大堡礁 ………………………… 87

弗雷泽岛	90
沙克湾	93
巴芬岛和巴芬湾	96
埃尔斯米尔岛	98
阿卡迪亚岛	101

冰火两重天

玉龙雪山	106
梅里雪山	108
海螺沟	110
瓦特纳冰川	112
菲律宾火山	115
堪察加火山群	117
西伯利亚冰原	121
埃特纳火山	123
维苏威火山	125
乞力马扎罗山	128
埃里伯斯火山	130

浩瀚的沙海

罗布泊	134
乌尔禾魔鬼城	136
五彩湾	138
塔克拉玛干沙漠	140
沙漠中的翡翠	143
岩塔沙漠	145
撒哈拉沙漠	147
沙漠中的"天籁"与幻景	150

骷髅海岸	152

国家公园

卡卡杜国家公园	156
阿根廷冰川国家公园	159
库克山国家公园	162
乌卢鲁国家公园	164
黄石国家公园	169
冰河湾国家公园	173
化石林国家公园	177
大特顿国家公园	179
夏威夷火山国家公园	181
大沼泽地国家公园	185
卡特迈国家公园	188

其他奇观

乐业天坑	192
路南石林	195
元谋土林	197
黄　龙	199
西双版纳	201
若尔盖大草原	203
呼伦贝尔草原	204
昆士兰湿热地区	206
帕木克堡	209
巨人之路	211
阿拉斯加极光	213
瓦尔德斯半岛	216

漫长的地貌变化

名山传奇

　　中国自古以来就是一个多山的国家。譬如黄山的奇，华山的险，峨嵋的秀，青城的幽，三清的道场，普陀的佛境，长江三峡的神秀，桂林的婉约，潇湘的诗情，新安的画意……

　　古哲云：上善若水，无际惟山。山无言而壁立千仞，是为无际自高，无欲则刚也。水无形，其至柔而克刚，上润天，下泽地，其性至灵至坚也。当我们的心灵在世俗和物欲中迷失方向时，不妨以山水为师、为友、为鉴、为勉，只有这样，我们才能真正将山水藏纳于胸。仁者乐山，智者乐水。

漫长的地貌变化

黄 山

说到地理中的自然奇观，不能不说世界上的名山；说到名山就不能不说传奇般的中国名山；而说到中国的名山更不能不说黄山。所谓"五岳归来不看山，黄山归来不看岳"，就是这个意思。

黄山位于安徽省南部，以"震旦国中第一奇山"而闻名。黄山以其壮丽的景色——生长在花岗岩石上的奇松和浮现在云海中的怪石而著称。奇松、怪石、云海被誉为"黄山三奇"，加上温泉和冬雪，合称"黄山五绝"，名冠于世。其劈地摩天的奇峰、玲珑剔透的怪石、变化无常的云海、千奇百怪的苍松，构成了无穷无尽的神奇美景。因此黄山又有"人间仙境"之美誉。

知识小链接

温 泉

温泉是泉水的一种，是一种由地下自然涌出的泉水，其水温高于环境年平均温度5℃，含有对人体健康有益的微量元素。形成温泉必须具备地底有热源存在、岩层中有裂缝让温泉涌出、地层中有储存热水的空间三个条件。

从自然地理的角度来看，黄山属于中国东南丘陵的一部分，是长江水系和钱塘江水系在安徽省境内的分水岭。黄山山脉南北长约40千米，东西宽约30千米，全山总面积约1200平方千米，而黄山风景区则是这座山脉的核心，面积约为154平方千米。

在两三亿年前，黄山所在的地方是一片被称作"古扬子海"的汪洋。后来，古扬子海不断缩小，随之露出的陆地被称作"江南古陆"。在两亿多年前，发生了一次大规模的地壳运动，"古扬子海"消失了，今天的黄山一带成了陆地。到了约1.43亿年前，地下深处炽热的岩石向上升，并在距地面3000～6000米处冷却下来，形成了花岗岩岩体，这就是孕育在地下的黄山胚胎。

距今五六千万年前，这里开始了又一次大规模的地壳运动，终于使地下的花岗岩岩体冲出地面，形成了今天黄山的方圆布局。但是那时的黄山并不像今天这样奇幻美丽，后来风、雨、雪、霜、流水等自然的力量才把坚硬的花岗岩琢磨成如今玲珑剔透的模样。

黄山迎客松

黄山的美，是一种多层的综合的自然山水之美。黄山风景集奇异、深邃和雄伟于一身，极具审美价值。其中尤以奇松、怪石、云海、温泉、冬雪五景为人们所称道，被合称为"黄山五绝"。

黄山松享誉中外，素有"无石不松，无松不奇"的称谓。黄山松多生长在海拔800米以上的高山崖石上，树龄一般在数百年以上，少数甚至达上千年。这些名松古老苍劲，奇形怪状，有立有卧；有的俯仰斜插，有的刚毅挺拔，有的盘曲倒挂。为此，人们评出了十大名松：舒枝迎客的迎客松、垂首送宾的送客松、展翼欲飞的凤凰松，以及连理松、蒲团松、黑虎松、麒麟松、团结松、探海松、飞龙松。不论在山顶、山坡，还是山谷之中，黄山松到处可见，既奇特又秀丽，真是美不胜收。

黄山层峦叠嶂，奇峰异石全山遍布，

仙人指路

漫长的地貌变化

已有各种名称者多达 120 处。怪石千姿百态，小者玲珑剔透，造化精妙；大者石林耸峙，石笋罗列。黄山著名的怪石有"松鼠跳天都"、"猴子观海"等。黄山巧石之中更有两种奇妙之处：一种是由于站在不同位置观看，会出现两种不同的景象，如在半山寺看天都峰侧有一小峰如"金鸡"，名为"金鸡叫天门"，而到蟠龙坡上回头再看，"金鸡"却变成了"五个老人"，成为"五老上天都"了。"喜鹊登梅"和"仙人指路"也属此类。另一种奇妙所在是巧石与奇松的美妙组合，构成了令人称绝的景观，如北海的"梦笔生花"即是石之"笔"和松之"花"相结合而形成的。

基础小知识

黑虎松

黑虎松是黄山十大名松之一，被列入世界遗产名录，生在白鹅岭索道站下坡至始信峰岔路口，海拔1650米处。相传，狮子林有一高僧入定时，见一黑虎卧于松顶，后寻黑虎不见，只见古松高大苍劲，干枝气势雄伟，虎气凛凛，且冠盖浓绿近黑，似一黑虎卧于坡下，故名"黑虎松"。

黄山多云海。每当雨过天晴，或在日出之前，山谷中就雾起云腾，铺天盖地而来，似海不是海，如烟不像烟，风来则气象万千，日出则五光十色，其波澜壮阔之势、变幻莫测之状，蔚为壮观。云海使黄山静中有动，姿态万千，成为黄山优于其他名山的一大特色。黄山云海分为五片，白鹅岭以东称东海，飞来峰以西称西海，莲花峰以南称南海，狮子林以北称北海，光明顶周围称天海。

黄山温泉有三处：一在紫云峰下，名"温泉"；一在松谷庵南侧，名"锡泉"；一在圣泉峰顶，名"圣泉"。"温泉"水温较高，一般保持在42℃左右，水质清澄，水味甘美。相传轩辕黄帝曾在此沐浴，返老还童，由此声誉大振，名扬四方，所以"温泉"又被称为"灵泉"。

黄山冬日雪景尤为壮观，一年中，全年平均积雪约50天。当北方冷空气南下侵入黄山时，大雪铺山峦，漫山遍野，流花飞琼，群峰披玉，瑰丽无比。

庐　山

"横看成岭侧成峰，远近高低各不同。不识庐山真面目，只缘身在此山中。"苏东坡的这首诗真切地描述了庐山的奇观。而古今中外发现并描述庐山奇观的并非苏东坡一人。从这一点来说，庐山绝对算是中国南方值得大书特书的一座名山了。

拓展阅读

羊背石

羊背石是指由冰川侵蚀作用形成的石质小丘。在大陆冰川作用区，石质小丘往往与石质洼地、湖盆相伴分布，成群地匍匐于地表，犹如羊群伏在地面上一样。它由岩性坚硬的小丘被冰川磨削而成，顶部浑圆，形似羊背，基部呈卵形，长轴延伸的方向和冰川运动的方向一致，纵剖面前后不对称：迎冰坡一般较平缓和光滑；背冰坡较陡峻和粗糙。多数羊背石分布的地区，地面呈波状起伏。

庐山位于长江中游南岸、鄱阳湖滨，是座地垒式断块山，大山、大江、大湖浑然一体，险峻与柔丽相济，素以"雄、奇、险、秀"闻名于世。庐山具有重要的科学价值与美学价值。庐山风景名胜区面积约302平方千米，外围保护地带约500平方千米。庐山有独特的第四纪冰川遗迹，有河流、湖泊、坡地、山峰等多种地貌类型，有地质公园之称。

庐山在十亿多年前就开始了它的发展史。它记录了地球的地壳演变史，承载过地球曾发生的一次次惊心动魄的巨变：海陆的轮番更替、地壳的缓慢沉积、气候的冷热交替、燕山运动的山体崛起、第四纪冰川的洗礼等。

庐山是存留第四纪冰川遗迹最典型的山体：大坳冰斗、芦林冰窖、王家坡"U"形谷、莲谷悬谷、犁头尖角峰、含鄱岭刃脊、金竹坪冰坡、石门涧

漫长的地貌变化

冰坎和"冰桌"、鼻山尾、羊背石、冰川条痕石等。大约在两千多万年前的喜马拉雅造山运动中，庐山才成断块山崛起。在距今200万年前的第四纪大冰期中，庐山至少产生过3~4次亚冰期，每个亚冰期长达数十万年，由于气候严寒，降雪量充沛，产生了冰川。每次冰川都对宏伟的庐山进行一番雕饰。亚冰期之间的间冰期气候炎热，时间可达数十万年，冰川消融，流水涓涓，庐山四周断崖瀑布林立，泥石流不断产生，使庐山变得险峻而秀丽，成为天下名山。

庐　山

庐山地质构造复杂，形迹明显，展现出地壳变化的主要过程。庐山北部以褶曲构造为主要特征，形成一系列谷岭地貌；南部和西北部则为一系列断层崖，形成险峻的山峰。庐山山地中分布着宽谷和峡谷，外围则发育为阶地。由于断块构造形成的山体多奇峰峻岭，所以庐山群峰有的浑圆如华盖，有的绵延似长城，有的俯瞰如波涛，雄伟壮观、气象万千。庐山山地四周虽布满断崖峭壁，幽深涧谷，但从牯岭街至汉阳峰及其他山峰的相对高度却不大，起伏较小，谷地宽广，

三叠泉瀑布

形成"外陡里平"的奇特地形。庐山主峰汉阳峰，海拔1474米，四周围绕的群峰之间散布着道道沟壑，重重岩洞，条条瀑布，幽幽溪涧，地形地貌复杂

多样。水流在河谷发育裂点，形成许多急流与瀑布，其中著名的三叠泉瀑布，落差达 155 米。

庐山处于亚热带季风区，雨量充沛、气候温和宜人，是盛夏季节高悬于长江中下游"热海"中的"凉岛"。庐山山中温差大，云雾多，千姿百态，变幻无穷。有时山巅高出云层之上，人们从山下看山上，庐山云天缥缈，时隐时现，宛如仙境；从山上往山下看，脚下则云海茫茫，犹如腾云驾雾一般。优越的自然条件使得庐山植物生长茂盛，植被丰富。随着海拔高度的增加，地表水热状况垂直分布，由山麓到山顶分别生长着常绿阔叶林、落叶阔叶林及两者的混交林。据不完全统计，庐山植物有 210 科、735 属、1720 种，分为温带、热带、亚热带等类型，是一座天然的植物园。

雁荡山

雁荡山位于浙江省乐清市境内，素有"海上名山"，"寰中绝胜"之美誉，史称"东南第一山"。雁荡山因"岗顶有湖，芦苇丛生，结草为荡，秋雁宿之"而得名。雁荡山景色优美，以众多奇形怪状的峰、洞、岩石、泉称胜。雁荡山山中奇峰怪石，悬崖叠嶂，耸峙嵯峨；古洞石室，茂林幽谷，曲折迂回；飞瀑流泉，碧潭清涧，如带若练；雁湖日出，百岗云海，一向为游客所赞赏，至于灵峰夜景，灵岩飞渡则更是令人叹为观止。

根据地质考察，雁荡山形成于 1.2 亿多年前，原来是火山地带。到了距今 4000 多万年前，它沉没在海中，岩体受到海水的侵蚀；又过了 2000 多万年，它逐渐露出海面；以后又遇到冰川期，遭到冰川洪水的袭击，岩体又进一步崩解和剥蚀，岩体裸露，形成众多的深谷、峰林，有"造型地貌博物馆"之称。雁荡山是环太平洋亚洲大陆边缘火山带中最具完整性、典型性的白垩纪流纹质古火山。它比环太平洋安第斯火山带和美国西部火山带更为古老，更为神奇。雁荡山不仅记录了中生代古火山发生、演化的历史和深部地壳、

漫长的地貌变化

地幔相互作用的过程，而且还展示了1亿年来地质作用所产生的个性优美的自然景观，这在世界上是独一无二的。

基础小知识

古火山

古火山是指新生代以来没有活动过的火山，属于火山三种类型（活火山、死火山、休眠火山）中的死火山类型。很多古火山由于长期受到侵蚀，从外形上已难以辨认。

雁荡山是国家级风景名胜区，有东、南、西、北、中雁荡山之分，其中北雁荡山规模最大、景点最多、最为出名。人们通常说的雁荡山，一般都指北雁荡山。峰、嶂、洞、瀑奇妙的天然组合，形成了北雁荡山特有的奇特秀丽景色。明代大旅行家徐霞客三游雁荡之山后，还有"欲穷雁荡之胜，非飞仙不能"之叹！

北雁荡山位于乐清市境内东北部，距温州市区70多千米，万山重叠，群峰争雄，悬嶂蔽日，飞瀑凌空，向来有"寰中绝胜"之誉。北雁荡山景区总面积约450平方千米，分灵峰、三折瀑、灵岩、大龙湫、雁湖、显胜门、仙桥、羊角洞等八大景区，共计景点500多处，以峰、洞、瀑、嶂称胜，有102奇峰、66洞天、27飞瀑、23嶂峦之说。北宋著名科学家沈括四次考察北雁荡山，赞其为"天下奇秀"。

显胜门

北雁荡山洞穴不仅数量多，而且风格奇特。如观音洞，既高又深，洞内建有九层楼阁，气势雄伟；灵峰古洞，洞洞相连，形状各异，迂回曲折。现在辟有云雾、透天、含珠、隐虎、好运、凉风七洞，供游人寻奇探幽。另外

8

还有著名的仙姑洞、北斗洞、将军洞、朝阳洞、天窗洞、东石梁洞、西石梁洞等，或幽深，或宽敞，或奇险，个个充满神奇色彩。

雄壮的岩嶂是雁荡山的一大奇观，从灵峰景区的倚天嶂到大龙湫的连云嶂，如蜿蜒的蛟龙，纵贯整个景区，形成雁荡山雄伟壮观的磅礴气势。它是奇峰怪石的依托，又是飞瀑夺路而下之所在。它忽而围成一个幽静的深谷，忽而展开托起千丈奇峰，忽而又对峙成雄关天险。雄浑奇绝的铁城嶂、蜿蜒高耸的连云嶂、灿若彩霞的屏霞嶂和气象万千的万象嶂，是北雁荡山的四大奇嶂。

飞瀑是北雁荡山景观的灵气所在。大龙湫瀑布从190米的崖顶飞泻而下，气势如银河倒泻，匹练横空，在阳光与风的作用下，时而飘逸轻灵，时而烟雾弥漫。如珠垂挂的小龙湫、变幻多姿的散水岩、气势不凡的西大瀑、活泼潇洒的梅雨瀑等，均各具特色，自有奇妙之处。

南雁荡山位于平阳境内，距温州市区87千米，离平阳城关32千米，总面积97.68平方千米。因北部明王峰上有泥塘沼泽，秋冬大雁在此栖息，且与北雁荡山遥遥相对，故名南雁荡山。南雁荡山风景区以秀溪、幽洞、奇峰、景岩、银瀑、石堑为六大特色，有"浙南第一胜景"之称。它与北雁荡、中雁荡合称雁荡山风景名胜区，属于山岳型国家级重点风景名胜。南雁荡山景区山岳由浙闽边界的洞宫山山脉延伸而来，多在海拔500米以上。南雁荡山北部以明王峰为主峰，海拔1077米，九溪汇流，中贯溪滩，山水相映，并分东西洞、顺溪、东屿、畴溪和石城5个景区，有67峰、24洞、13潭、8瀑、9石之胜。

连云嶂

漫长的地貌变化

中雁荡山因居北、南二雁荡山之间,故称中雁荡山,分玉甑、三湖、东漈、西漈、凤凰山、杨八洞、刘公谷七个景区,其中玉甑、西漈、东漈为三大主要景区。步入中雁荡山景区,即见峰峦陡峭,洞谷深邃,峰奇石怪,溪碧泉清,自然造型奇秀,空间组合协调优美。

丹霞山

丹霞山位于广东省北部,处于韶关市仁化、曲江两县交界地带。丹霞山被誉为"岭南第一奇山"。丹霞山山体由红色沙砾岩组成,沿垂直节理发育的各种丹霞奇峰极具特色,被称为"中国红石公园"。这里是丹霞地貌的命名地。狭义的丹霞山仅限于北部的长老峰、海螺峰和宝珠峰构成的山块,以宝珠峰最高,海拔409米。广义的丹霞山包括了这里由红石组成的215平方千米的丹霞山区。

丹霞山区在地质构造中属于南岭山脉中段的一个构造盆地,

丹霞地貌

地质学上叫丹霞盆地。在距今一亿年前后,南岭山地强烈隆起,这里相对下陷,形成一个山间湖盆。在湖盆中开始了红色碎屑物质的堆积。直到距今7000万年以前,在盆地中形成了一层厚度约3000米、粗细相间的红色沉积盆地地层。其上部1300米厚的坚硬沙砾岩,称为丹霞组地层,丹霞山的奇山异石,就发育在这层丹霞组地层上。在距今4000万~5000万年前后,随着地壳运动,整个湖盆抬升,锦江及其支流顺着裂隙对这一层红色沉积岩下切侵蚀,保存下来的岩层就成为现在看到的丹霞山群。据专家研究,丹霞山地区的地壳还在抬升，平均每万年上升 0.97 米。

构成丹霞山的岩层多呈水平状态，而且粗细、软硬不同。粗大的碎石组成的岩层称作砾岩，一般比较坚硬；粗细均匀的叫砂岩，更细的叫粉砂岩，砂岩尤其是粉砂岩比较软。软的岩层更容易受到风化和侵蚀，形成与岩层一致的近水平凹槽或洞穴，坚硬的砾岩则突出为悬崖。日久天长，洞穴加深、扩大，上覆岩层失去重力平衡就会出现崩塌。所以丹霞崖壁就是过去的崩塌面。如果洞穴进一步受到风化或流水侵蚀，而穿透了某个山梁或石墙，在上部岩层比较完整的情况下可能会保存下来，就是天生桥或穿洞。

1938 年，我国著名地质学家陈国达教授在对丹霞山及华南地区的红石山地进行考察研究之后，首先提出了"丹霞地貌"这一术语，而后丹霞地貌逐渐成了地理学中的一个专有名词。它特指由中、新生代红色砂岩构成的具有特殊形态的山地地貌。世界上的丹霞地貌主要分布在中国、美国西部、澳大利亚、欧洲中部，其中又以中国分布最广。我国目前已发现的丹霞地貌区达 300 多处，丹霞山在规模和景色上都堪称最佳。在丹霞地貌分布区，往往石块离散，群峰成林，山顶平缓，山坡直立；赤壁丹崖上色彩斑斓，洞穴累累；山与山之间是高峡幽谷，清静深邃；山石造型丰富，变化万千。其雄险可比花岗岩山体，奇秀不让喀斯特峰林。而且丹霞地貌分布区内往往都有河流穿过，丹山碧水相辉映，是构成风景名山的一个重要地貌类型。

长白山

长白山地处吉林省东南部，位于延边朝鲜族自治州和白山地区境内。面积为 8000 多平方千米，它宛如一条自东北往西南腾飞的巨龙，绵延起伏在吉林省的东南部，并向东南延伸到朝鲜民主主义人民共和国境内。长白山为中国的著名山脉之一。在沧海桑田的历史演变中，由于地球内外引力的相互作用，造就了长白山雄壮巍峨的山体。长白山的主峰高出海平面 2691 米，是中

漫长的地貌变化

国东北地区的最高峰。

长白山是一座在200万年前开始,中止于距今约300年的时断时续时猛时缓的休眠火山。长白山的地貌为较典型的火山地貌景观,它自下而上由玄武岩台地、熔岩高原和火山锥体三大部分构成。在广阔的玄武岩台地和熔岩高原之上,耸立着雄伟壮观的长白山主峰白头山。

长白山风光

白头山火山有过多次喷发,又有过较长时间的间歇,其最后一次猛烈喷发,是在1702年。白头山火山喷出黏稠度较大的熔岩和各种火山碎屑物,堆积在火山口周围,使白头山山体高耸成峰,其中海拔在2500米以上的有16座。在我国境内由北向西有白岩峰、天文峰、龙门峰、鹿鸣峰、白云峰、青石峰等六座,其中白云峰海拔2691米,是我国东北地区的第一高峰。所有这些山峰都高耸入云,气势磅礴。白头山经常是云雾弥漫,气候变幻无常。特别是夏季,这里本来好端端的艳阳天,却可以在骤然之间风云突变,雷雨交加,冰雹齐落。可过了一会儿,这里就雨过天晴,山峦峻峭,林木苍秀,又江山如画了。

长白山天池

在白头山顶部的火山口,由于积水而形成了面积约为9.8平方千米的天池。天池处于中朝两国边境上,整个湖面呈椭圆形,像一块大宝石镶嵌在群峰之中。天池南北长约4.8千米,东西宽约3.3千米,周长约为13.1千米,平均水深约 204 米，最深处约为 373 米，是我国最深的湖泊，其海拔约为 2194 米，也是我国火山口湖海拔最高的一个。平时，湖中波光粼粼，清澈碧透，湖周岩壁陡峭，险峰林立，构成一幅赏心悦目的风景画卷。雨雾时，浪花翻卷，水天相连，茫茫沧海，云海翻卷如絮，美不胜收。天池风光瑰丽，水力资源丰富，其蓄水量为 20 亿立方米，是松花江、鸭绿江、图们江三江的水源。它们源远流长，滋润着东北大地，造福于民。

白云峰

广角镜

鸭绿江名字的由来

鸭绿江是位于中国和朝鲜之间的一条界江，古称浿水，汉朝时称其为马訾水，唐朝始称鸭绿江（隋唐时期浿水为大同江）。关于鸭绿江其名的来历流传着两种说法：一说因江水颜色似鸭头之色而得名；二说因上游地区有鸭江和绿江两条支流汇入，故合而为一，并称为鸭绿江。

在天池西岸的山峰上有金线、玉浆两个较大的山泉。两泉味美甘甜，终日潺潺不息地流入天池。"请君若到天池上，须把银壶灌玉浆"之言，惟妙惟肖地道出了两个山泉的浓醇，诱人之至。

在白头山上，除天池以外，还有长白湖、玉池、圆池等小的火山口湖。长白湖，在天池以北 4000 米之遥，周长为 260 多米，面积 5000 多平方米。长白湖湖面平静，水深幽蓝，山峰绕湖岸耸立，森林倒映湖底，风光迷人，有小天池之美称。圆池，又叫天女浴躬池，面积 10 000 多平方米。传说是清皇室祖先的发祥地。

漫长的地貌变化

天池四周被群峰环绕，水由天文峰与龙门峰之间的唯一出口流出，向北奔流在只有1250米长的乘槎河上。乘槎河的终端是高达68米的悬崖峭壁。天池水从断崖上急滚而下，一泻千里，形成了天池瀑布。天池瀑布气势磅礴，雄伟壮观。晴日远眺，它似玉带起舞，浪花吐雪，水雾弥漫，彩虹当空，飘彩流丹，山呼谷鸣，吸引着成千上万的游览者，成为驰名中外的古今奇观。

拓展阅读

天文峰

天文峰位于天池以北偏东，海拔2670米，是天池东侧最高峰。天文峰峰顶犹如鹰嘴一样，伸向天池，故也有"鹰嘴峰"之名。天文峰是由火山喷发物——浮石构成的山峰，灰白、浅黄的浮石塑造出峥嵘突兀的景象。

你知道吗

东北虎

东北虎又称西伯利亚虎，分布于亚洲东北部，即俄罗斯西伯利亚地区、朝鲜和中国东北地区，有三百万年进化史。东北虎是现存体重最大的猫科亚种，其中雄性体长可达3米左右，尾长约1米，体重达到350千克左右，体色夏毛棕黄色，冬毛淡黄色。

沿瀑布顺流而下，在近900米处，就是分布面积达1000多平方米的温泉群。温泉群的泉口比较集中，水温都在60℃以上，有的高达82℃，并保持常年不变。由于温泉水是从地壳深处涌出地表，所以泉里水珠翻滚，咕咕作响，泉表热气腾腾，蒸汽弥漫。冬季的长白山虽然到处风吼雪滚，冰天冻地，可温泉附近却热气升腾，流水淙淙，满树雾凇，一派琼山玉阁的仙境风光。

另外，长白山的林海和大峡谷也是世界上难得一见的自然奇观。长白山的林海层次分明，非常壮观，而且林海中栖息着梅花鹿、东北虎等珍稀动物。长白山的大峡谷则是近年才发现的一大奇观，它的壮美不亚于美国的科罗拉多大峡谷。

火焰山

　　火焰山位于新疆吐鲁番盆地北缘,古书称赤石山。火焰山山脉呈东西走向,东起鄯善县兰干流沙河,西止吐鲁番桃儿沟,长 100 千米,最宽处达 10 千米,一般高度在 500 米左右,最高峰在鄯善县吐峪沟附近,海拔 831.7 米。火焰山重山秃岭,寸草不生。每当盛夏,这里红日当空,热气蒸腾,似火焰缭绕,形如飞腾的火龙,十分壮观。

　　地质学家经研究发现:火焰山是天山东部博格达山坡前山带短小的褶皱,形成于喜马拉雅山运动期间。火焰山山脉的雏形和地貌格局形成于距今约 1.4 亿年前,经历了漫长的地质岁月,跨越了侏罗纪、白垩纪和第三纪几个地质年代。

火焰山

　　火焰山自东而西,横亘在吐鲁番盆地中部,为天山支脉之一。亿万年间,地壳横向运动时留下的无数条褶皱带和大自然的风蚀雨剥,形成了火焰山起伏的山势和纵横的沟壑。在烈日照耀下,砂岩闪闪发光,炽热气流滚滚上升,云烟缭绕,犹如大火烈焰腾腾燃烧,这就是"火焰山"名称的由来。

　　火焰山深居内陆,湿润气流鞭长莫及难以进入,云雨稀少,十分干燥,太阳辐射被大气削弱少,到达地面热量多;地面又无水分供蒸发,热量支出少,地温升得很高,火烫的大地甚至能烤熟鸡蛋;而大地又把能量源源不断地传给大气。加上火焰山地处闭塞低洼的吐鲁番盆地中部,一方面阳光辐射积聚的热量不易散失;另一方面沿着群山下沉的气流送来阵阵热风,由于焚

漫长的地貌变化

风效应,更加剧了增温作用,以上种种,使这里形成名副其实的"火洲"。

由于地壳运动与河水切割,火焰山山腹中留下许多沟谷,主要有桃儿沟、木头沟、吐峪沟、连木沁沟、苏伯沟等。而这些沟谷中绿荫蔽日,风景秀丽,流水潺潺,瓜果飘香,其

火焰山葡萄沟的葡萄

中最著名的要数吐峪沟大峡谷了。吐峪沟大峡谷位于鄯善县境内火焰山中段,北起苏巴什村,南到麻扎村,两村间的峡谷长约12.5千米,面积约为12平方千米。吐峪沟大峡谷南北两端有简易的盘山公路相连通,南谷口西南距高昌古城13千米,位置优越。吐峪沟大峡谷内有火焰山的最高峰。大峡谷的东西两峰,素有"天然火墙"之称,温度最高时可达60℃。

吐峪沟大峡谷浓缩了火焰山景观的精华,沟谷两岸山体本是赭红色,在阳光的照耀下便显得五彩缤纷,且色彩浓淡随天气阴晴而变幻万千。吐峪沟大峡谷中的山涧小溪斗折蛇行向南流去,漫步谷底,溪流清澈。人们仰望千姿百态的五彩奇石,红、黄、褐、绿、黑等多种色彩杂陈于眼前。吐峪沟峡谷山体之奇、山岩之美、涧水之秀、珍果之甜,为其他峡谷所少有,被人们称为"火焰山中最壮美的峡谷"。

吐峪沟大峡谷底部的土壤呈黄红色。穿谷而过的天山雪水将黄红色的土壤冲出南谷口,在峡谷南端形成了肥沃的冲积平原。这种土壤最适宜培植无核白葡萄。这里是吐鲁番无核白葡萄的故乡,也是无核白葡萄的出口基地之一。这里出产的无核白葡萄颗粒最大、甜味最浓,素有"葡萄中的珍品"之美誉。

葡萄沟也是风景秀丽、瓜果飘香的沟谷之一。葡萄沟位于火焰山西端,沟中郁郁葱葱,景色秀丽,别有洞天,同火焰山光秃秃的山体形成鲜明的对

照。葡萄沟内，两山夹峙，形成沟谷，中有湍急溪流。沟长8000米，宽500米，其间布满了果园和葡萄园。这里的果农主要种植著名的无核白葡萄和马奶子葡萄，还有玫瑰红、喀什哈尔、黑葡萄、琐琐葡萄等优良葡萄品种。沟中的无核白葡萄晶莹如玉，堪称天下最甜的葡萄。葡萄沟的崖壁中渗出泉水，汇聚成池，池水清澈。漫步于此地，令人有不知身在炎炎火焰山中之感。

> **知识小链接**
>
> **葡萄沟**
>
> 葡萄沟，位于新疆维吾尔自治区吐鲁番市区东北11千米处，南北长约8千米、东西宽约2千米，是火焰山下的一处峡谷。葡萄沟沟内有布依鲁克河流过，主要水源为高山融雪，因盛产葡萄而得名，是吐鲁番市的旅游胜地。2007年5月8日，吐鲁番市葡萄沟风景区经国家旅游局正式批准为国家5A级旅游景区。

珠穆朗玛峰

珠穆朗玛峰位于中华人民共和国与尼泊尔的交界处的喜马拉雅山脉中段，海拔约8844米，有地球"第三极"之誉。珠穆朗玛峰山体呈金字塔状，山上有冰川，最长的冰川达26千米，山峰上部终年为冰雪覆盖，地形陡峭高峻，是世界登山运动员所瞩目和向往的地方。

珠穆朗玛峰是典型的断块上升山峰。在其前寒武纪变质岩系基底和上覆沉积岩系间为冲掩断

珠穆朗玛峰

漫长的地貌变化

层带,早古生代地层即顺此带自北往南推覆于元古代地层上。珠穆朗玛峰峰体上部为奥陶纪早期或寒武—奥陶纪的钙质岩系(峰顶为灰色结晶石灰岩),下部为寒武纪的泥质岩系(如千枚岩、夹片岩等),并有花岗岩体、混合岩脉的侵入。始新世中期结束至海侵以来,珠穆朗玛峰不断上升,上新世晚期至今约上升了3000米。由于印度板块和亚洲板块以每年约5.08厘米的速度互相挤压,致使整个喜马拉雅山脉仍在不断上升中。珠穆朗玛峰每年也增高约1.27厘米。

珠穆朗玛峰周围分布有许多条规模巨大的山谷冰川,长度在10千米以上的有18条,其中以北坡的中绒布、西绒布和东绒布三大冰川与它们的30多条中小型支冰川组成的冰川群为主。珠穆朗玛峰周围5000平方千米范围内的冰川覆盖面积约1600平方千米。在许多大冰川的冰舌区还普遍出现冰塔林、古冰斗、冰川槽形谷地、冰川或冰水侵蚀堆积平台、侧碛和终碛垄等古冰川活动遗迹也屡见不鲜。因寒冻风化强烈,珠穆朗玛峰峰顶岩石嶙峋,角峰与刃脊高耸危立,遍布着岩屑坡或石海。珠穆朗玛峰地区的土壤表层反复融冻形成石环、石栏等特殊的冰缘地貌现象。

珠穆朗玛峰山体呈巨型金字塔状,威武雄壮昂首天外。珠穆朗玛峰地形极端险峻,环境异常复杂,雪线高度:北坡为5800～6200米,南坡为5500～6100米。珠穆朗玛峰东北山脊、东南山脊和西山山脊中间夹着三大陡壁(北壁、东壁和西南壁),在这些山脊和峭壁之间又分布着548条大陆型冰川,总面积达1457.07

雪 豹

平方千米,平均厚度达7260米。该地冰川的补给主要靠印度洋季风带两大降水带积雪变质形成。冰川上有千姿百态、瑰丽罕见的冰塔林,又有高达数十米的冰陡崖和步步陷阱的明暗冰裂隙，还有险象环生的冰崩雪崩区。

　　珠穆朗玛峰不仅巍峨宏大，而且气势磅礴。在它周围 20 千米的范围内，群峰林立，山峦叠嶂，仅海拔 7000 米以上的高峰就有 40 多座，较著名的有南面 3000 米处的洛子峰（海拔 8463 米，世界第四高峰）和海拔 7589 米的卓穷峰，东南面是马卡鲁峰（海拔 8463 米，世界第五高峰），北面 3000 米是海拔 7543 米的章子峰，西面是努子峰（海拔 7855 米）和普莫里峰（海拔 7145 米）。在这些巨峰的外围，还有一些世界一流的高峰遥遥相望：东南方向有世界第三高峰干城章嘉峰（海拔 8585 米）；西面有海拔 7998 米的格重康峰、8201 米的卓奥友峰和 8012 米的希夏邦马峰。所有这些高峰形成了群峰来朝，波澜壮阔的场面。

趣味点击

雪豹的特点

　　雪豹感官敏锐，性机警，行动敏捷，善攀爬、跳跃。由于其粗大的尾巴作掌握方向的"舵"，它在跃起时可在空中转弯，因此其捕食的能力很强。雪豹的性情凶猛异常，但在野外一般不主动攻击人。雪豹因为全身披有厚厚的绒毛，所以很耐严寒，即使气温在零下 20 多度时，也能在野外活动。雪豹的叫声类似于嘶嚎，不同于狮、虎那样的大吼。

　　珠穆朗玛峰保护区包含着世界最高峰——珠穆朗玛峰和其他一些山峰。整个保护区划分为核心保护区、缓冲区和试验区三个类型。珠穆朗玛峰保护区地势北高南低，地形地貌复杂多样。保护区内生态系统类型多样，生物资源丰富，基本保持原貌。珠穆朗玛峰保护区珍稀濒危物种、新种及特有种较多。初步调查珠穆朗玛峰保护区共有高等植物 2348 种，哺乳动物 53 种，鸟类 206 种，两栖动物 8 种，鱼类 5 种，其中含有代表该地域特色的国家重点保护的珍稀濒危动植物 47 种，其中国家一级保护动植物 10 种，二级保护动植物 28 种。如雪豹、藏野驴、长尾叶猴等都是国家重点保护的动物，其中雪豹被确定为珠穆朗玛峰保护区的标志性动物。

富士山

　　富士山是日本第一高峰，世界著名的火山，位于本州岛中南部，跨静冈、山梨两县，距东京约 80 千米，为日本富士箱根伊豆国立公园的一部分，海拔 3776 米，山底周长 125 千米。富士山是一座比较年轻的休眠火山，被日本人民誉为"圣岳"，是日本民族的象征。富士山对称的山形和终年积雪的山峰向人们展示着美的极致。

富士山

　　富士山乍一看对称得很"完美"，但严格来说它并非完全对称，不过这反而增加了它的魅力。富士山的各处山坡向上的坡度稍有不同，因此不是汇集在顶峰一个点上，而是汇集在一条曲折的水平线上。富士山的山坡倾斜度为 45 度，近地面时坡度减小，趋于平缓，山底几乎呈正圆形。富士山的四周有八座山峰围绕——剑峰、白山岳、久须志岳、大日岳、伊豆岳、成就岳、驹岳和三岳，它们统称"富士八峰"。

　　富士山的山峰终年积雪。在富士山周围 100 多千米以内，人们远远就可以看到那终年被积雪覆盖着的美丽的锥形轮廓，昂然耸立于天地之间，显得神圣而庄严。富士山山体自海拔 2900 米处直到山顶，均为火山熔岩、火山砂所覆盖，是一片既无丛林又无泉水的荒凉地带。

　　富士山是一座休眠火山，据传是公元前 286 年因地震而形成的。自公元 781 年有文字记载以来，富士山共喷发过 18 次，最后一次是 1707 年，此后变成休眠火山。富士山山顶上有一个很大的火山口，像一只大钵盂，日本人称之为"御体"，它的直径有800米，深220米。由于火山的喷发，富士山在山麓处形成了无数山洞，有的山洞至今仍有喷气现象。富士山最美的富岳风穴内的洞壁上结满了钟乳石似的冰柱，终年不化，被视为罕见的奇观。富士山的南麓是一片辽阔的高原地带，绿草如茵，是牛羊成群的观光牧场。富士山的西南麓有著名的白系瀑布和音止瀑布。

在富士山的北麓有五个湖排成弧形。这些湖也起源于火山活动，包括山中湖、河口湖、精进湖、本栖湖、西湖，统称为"富士五湖"。它们从东至西围绕着富士山，湖泊海拔都在820米以上。这里游艇穿梭，湖光山色交相辉映，是富士山著名的风景旅游区。"富士五湖"像镶嵌在山体上的一串明珠，其中山中湖面积最大，约为6.75平方千米；河口湖是五湖的门户，它是通往其他四湖的出发点，在这里可一览富士山的近貌及其在湖中的倒影，是富士山北边景色的点睛之笔；精进湖是五湖中最小的一个，它为树林、山冈所环绕，是观赏富士山南面风貌的理想地点；本栖湖是五湖中位置最靠西的一个，湖水深146米，终年不结冰；西湖南面有红叶谷，周围长满枫树，秋季景色十分迷人。

阿尔卑斯山

阿尔卑斯山是欧洲最高大、最雄伟的山脉。它西起法国东南部的尼斯，经瑞士、德国南部、意大利北部，东到维也纳盆地，呈弧形贯穿了法国、瑞士、德国、意大利、奥地利和斯洛文尼亚6个国家，绵延1200千米。阿尔卑斯山山势高大险峻，平均海拔约3000米，海拔4000米以上的山峰有100多座。

在阿尔卑斯山脉的无限风光中，勃朗峰最为引人注目。勃朗峰位于法国东北部，接近意大利边境。勃朗峰海拔4810米，是阿尔卑斯山脉的最高峰，

漫长的地貌变化

也是欧洲最高峰,享有"欧洲屋脊"之美称。此峰终年为白雪所覆盖,皑皑的雪峰犹如教堂的圆顶,气势磅礴。勃朗峰那巨大的圆顶覆盖着万年积雪,冰川向四周倾泻。勃森斯冰河犹如一条银龙,一直向下到达沙木尼。勃朗峰四周的山峰,如剑如戟,围着勃朗峰,直插云霄,奇险之处若不是亲临,恐怕难以想象。在阿尔卑斯山,雪峰、冰川、冰谷、云海,组成世间难得一见的宏伟山景。

勃朗峰

基础小知识

意大利

意大利位于欧洲南部,主要由靴子形的亚平宁半岛和两个位于地中海中的大岛西西里岛和萨丁岛组成。意大利在北方阿尔卑斯山地区与法国、瑞士、奥地利以及斯洛文尼亚接壤。1946 年,意大利共和国建立,正式规定绿、白、红三色旗为共和国国旗。该国首都位于罗马;而米兰是世界时尚之都;都灵是意大利工业之都。

阿尔卑斯山另外一个著名的山峰是少女峰。少女峰位于瑞士因特拉肯市正南二三十千米处,海拔 4158 米,差不多是珠穆朗玛峰的一半高,是伯尔尼高地最迷人的地方。这里终年积雪,如果天气晴朗,极目四望,景象壮丽,山间景色随着季节变化而变化:夏日融雪,便露出覆盖坚冰的石砾;早冬降雪,又把山坡变成白玉,愈发娇艳。

少女峰附近的主要山峰有 2 座,它们和少女峰一起呈东西向排列,由东而西分别为艾格尔峰、教士峰和少女峰,三峰的高度分别为 3970 米、4099 米、4158 米。关于这三座山峰的名字有许多美丽的传说,少女峰也因此成为许多艺术家创作的素材。在海拔约 4000 米、总面积约 470 平方千米的广阔地

域内，环绕着艾格尔峰、教士峰、少女峰三座名峰的是一条瑞士最长的冰河——阿莱奇冰河。壮丽宏伟的山河可谓是阿尔卑斯山创造的自然艺术。

从自然保护的角度出发，1930年，瑞士在阿莱奇地区设立了森林保护区，这在瑞士保护生态平衡运动中起了先驱的作用。当然，保存完好的阿尔卑斯山特有的高山植物或动物的生态系统也值得一提。这里是瑞士的第一个世界自然遗产。

在奥地利境内的阿尔卑斯山深处有一处冰洞奇观——冰像洞穴，它被人们称为"冰雪巨人的世界"，它是欧洲最大的冰穴网。冰像洞穴内的柱廊犹如迷宫，而穴室长约40千米，一直伸展到奥地利萨尔茨堡以南，好像教堂一般宽阔。冰像洞穴的入口处有一堵高达30米的冰壁，冰壁上面是迷宫般的地下洞穴和通道。冰像洞穴中的冰的造型犹如童话故事里描述的世界，因此赢得了"冰琴"、"冰之教堂"等名称。

"冰门"

冰像洞穴的深处还有冰凝的帷幕悬垂着，称为"冰门"。在山的更高处，偶尔会有冰冷的气流夹着呼啸声，沿狭窄的洞穴通道吹过。"冰雪巨人"是水渗入到数万年前形成的石灰岩洞的结果。冰像洞穴位于海拔1500米以上，穴内异常寒冷，春季的融水和雨水渗进洞穴里，瞬间便凝结成壮观的积冰造型。

广角镜

奥地利的自然地理

奥地利是位于中欧南部的内陆国，面积83 858平方千米，西部和南部是山区（阿尔卑斯山脉），北部和东北部是平原和丘陵地带，47%的面积为森林所覆盖。它东邻斯洛伐克和匈牙利，南接斯洛文尼亚和意大利，西连瑞士和列支敦士登，北与德国和捷克接壤。它属海洋性向大陆性过渡的温带阔叶林气候，平均气温1月为－2℃，7月为19℃。

漫长的地貌变化

阿尔卑斯山脉地处温带和亚热带之间，成为中欧温带大陆性湿润气候和南欧亚热带夏干气候的分界线。在阿尔卑斯山区，因为四周有高山的保护，越深的山谷越干燥，越高的山峰则有较多雨量，各地区的降雨量也不同。在阿尔卑斯山地区，海拔700米的地区，有雪的日子每年约3个月；1800米地区，有雪的日子可达半年；2500米地区，有雪的日子可达10个月，2800米以上地区，则终年积雪。在冬天，阿尔卑斯山区经常阳光普照，因此冬天是旅游阿尔卑斯山的最佳季节。

比利牛斯山

雄伟壮观的比利牛斯山位于法国和西班牙两国交界处，是两国的界山。比利牛斯山是阿尔卑斯山脉向西南的延伸部分，西起大西洋比斯开湾，东迄地中海利翁湾南，长435千米，宽80~140千米。按自然特征比利牛斯山可分为三段：西比利牛斯山，自比斯开湾畔至松波特山口；中比利牛斯山，自松波特山口至加龙河上游河谷；东比利牛斯山，自加龙河上游至利翁湾南，亦称地中海比利牛斯山。

比利牛斯山脉是欧洲西南部最大的山脉，东西走向，一般海拔在2000米以上，以海拔3352米的珀杜山顶峰为中心，面积达30.639万平方米。比利牛斯山山体的轴部是强烈错动的花岗岩和古生代页岩、石英岩；两侧为

珀杜山

中生代和第三纪地层；北部山坡是砾岩、砂岩、页岩。比利牛斯山北部山坡的气候类型属于温带海洋性气候，年降水量是 500~2000 毫米，植被有山毛榉和针叶林；南部山坡则属于亚热带气候，年降水量为 500~700 毫米，植被类型为地中海型硬叶常绿林和灌木林，具有明显的垂直变化规律。在比利牛斯山海拔 400 米以下的地区，冬季气温为 -6~2℃，湿度小，有典型的地中海型植物、油橄榄、栓皮栎等；海拔 400~1300 米的地区，冬季气温在 -13~-6℃，降水量较多，是落叶林分布带；海拔 1300~1700 米比利牛斯山的地区，冬季气温在 -16~-13℃，降水量多，是山毛榉和冷杉混交林带；海拔 1700~2300 米的地区，冬季气温在 -20~-16℃，是高山针叶林带；海拔 2300 米以上，是高山草甸；海拔 2800 米以上，为冰雪覆盖带。比利牛斯山脉蕴藏着丰富的矿藏：铁、锰、铝土、汞、褐煤等矿产丰富。另外，比利牛斯山风光优美、景色宜人，既是著名的旅游胜地，又是冬季登山滑雪的理想场所。

阿拉扎斯河谷

阿拉扎斯河谷是奥尔德萨峡谷和珀杜峰国家公园里的四个河谷之一，位于比利牛斯山脉中央，面积达 156 平方千米。

阿拉扎斯河谷的源头是瑰丽的索阿索冰斗，河谷峭壁上有瀑布倾泻而下。索阿索冰斗是一个巨大的天然圆形洼地，在 1.5 万多年前由珀杜峰山坡上的冰川侵蚀而成。从索阿索冰斗再往上走是极富有挑战性的小径，沿山谷的岩壁通向更荒凉的地方。登山者要借助打进岩石里的铁钉，才可通过险峻的山路。大自然漫长的侵蚀作用侵蚀掉了崖顶上一排排狭窄的石灰岩岩架。弗洛雷斯峰沿着阿拉扎斯河谷绵延近 3000 米，高达 2400 米，令人目眩。冒险登上弗洛雷斯峰的人可欣赏令人心旷神怡的山谷全貌。山谷像条绿色飘带，从

漫长的地貌变化

公园的嶙峋地貌中穿过。

奥尔德萨峡谷在比利牛斯山阿拉扎斯河谷处。山毛榉、落叶松和高耸的针叶树悬生在阿拉扎斯河两岸。湍急的河水流经连串的阶梯瀑布后，穿过奥尔德萨峡谷。在风景如画的河谷中，一列石灰岩峭壁巍然矗立，高约600米，上面布满槽沟，气势雄伟。阿拉扎斯河流的上游是处处砾石的牧场，山间生长着高山薄雪草、龙胆和银莲。

奥尔德萨峡谷是比利牛斯山羊的最后栖息地。岩架上可以见到敏捷的臆羚，有时还会见到稀有的黑山羊。雄黑山羊向后弯曲的羊角有1米长。这种山羊已濒临绝种。此外土拨鼠、狐狸、水獭、野猪和棕熊也生活在奥尔德萨峡谷。像麻雀般大小的攀壁鸟攀石本领高强，在奥尔德萨峡谷陡峭的山谷岩壁上猎取昆虫。这种鸟浑身灰褐色，在岩壁上不易被发现。但当它们振翅攀爬时，翅膀上鲜红的羽毛往往将它们暴露出来。

你知道吗

狐 狸

狐狸属食肉目犬科动物。狐狸在野生状态下主要以鱼、蚌、虾、蟹、蛆、鼠类、鸟类、昆虫类小型动物为食，有时也采食一些植物。

鲁文佐里山脉

鲁文佐里山脉是乌干达和刚果（金）两国边界上的山脉，南北长约130千米，最大宽度50千米，位于爱德华湖和艾伯特湖之间。鲁文佐里山脉位于赤道上的山峰终年积雪，它美丽的景色被浓雾所遮盖。

鲁文佐里山脉能够显露出奇异的光芒，并不完全靠雪，岩石本身也发光，因为覆盖着花岗岩的云母片岩会发光，这是由地壳运动产生出的炽热和高压形成的，在地质学上，鲁文佐里山脉是由一块巨大的陆地向上隆起，然后剧烈倾斜而形成的，前后历时不到1000万年。就时间而论，其形成期并不长。因为它比较年轻，所以仍然十分嶙峋，六座高山直插苍穹，都有冰川缓缓流入山谷，大山之间隔有隘口和深河谷，河谷上游有冰川和小湖，东侧雪线海拔4511米，西侧4846米。与多数非洲雪峰不同，它不是由火山形成的，而是一个巨大的地垒，最高点是斯坦利山的玛格丽塔峰，海拔5119米。

鲁文佐里山脉是非洲大陆很少几处有永久冰雪覆盖的山脉之一，气候随山体高度和朝向而变化，南坡高约2500米，较为潮湿，是降水最多的地区。鲁文佐里山脉每天的温度明显地变动在15~21℃，山顶常年笼罩在薄雾中。

沿山上行，生态环境的变化幅度很大，山脚下覆盖着茂密的草地。草地延伸的高度为1200~1500米。这里的优势树种是雪松、樟树和罗汉松，它们生长的高度可达49米。雨林占优势的高度可达2400米，雨林在那里消失在竹林中。竹林生长得很密集，以致阳光都穿不透它。竹子可长至15米高。鲁文佐里山脉3000多米以上是亚高山沼泽地带，占优势的是苔草和生草草地，以及由刺柏和罗汉松组成的疏林。扭曲多节的树枝张灯结彩般地装饰着苔藓、欧龙芽草、蕨类以及长长的彩带般的地衣，它们均在终年潮湿的空气中茁壮成长。这种虚幻的效果，为它赢得"月亮山"的美名。再往高处，鲁文佐里山脉4270米以上，是由湖泊、冰斗湖、冰瀑和独特的植物群组成的高山带。长得低矮的草本植物通常在这里占很大比重。这里常见的树种有千里光、半边莲和金丝桃，它们均可长至9米高，而且有厚厚的软木般的树皮。这里地表覆盖着厚厚的枯枝落叶层。在每根树枝的末端有由宽大的肉质叶片组成的莲座叶丛，这些莲座叶丛的生长点十分敏感，当晚上气温骤降时，叶片包封住生长点以免受寒害。

鲁文佐里山脉风光

漫长的地貌变化

在鲁文佐里山脉不仅仅植物区系具有独特性，众多的山坡也维持着一个复杂多样的动物区系。鲁文佐里山脉有不少于37种的地方性鸟类和14种蝴蝶。鸟类包括奇异的红头鹦鹉和蓝冠蕉鹃，在森林中常能见到它们像一道彩色的闪光一样飞驰而过。在这里，鸟类的天敌很多，如黑雕、隼鹰，隼鹰还能捕食森林中的猴子。

这里高大的森林也是多种哺乳动物的栖息地，包括大象、黑犀牛、小羚羊以及肯尼亚林羚、黑疣猴和丛猴。难以捉摸的霍加狓（属于长颈鹿科）、野猪、野牛在布满草和沼泽的较开阔的林间空地觅食。然而山地森林中最著名的栖息动物则是山地大猩猩，它是该生态条件下的特有种。现今尚存的野生山地大猩猩不足700只，非常珍稀而且处于高度濒危状态。它们遭受着人类的直接迫害和丧失生态环境的双重灾难。不像其近亲黑猩猩，山地大猩猩是一种温和的动物，除了植物的嫩芽和木髓外不吃其他东西，不以任何肉类为补充食物。山地大猩猩约10只一群，由一只雌性或"银背"大猩猩（雄性）为主，带几只雌性和年幼的山地大猩猩。当山地大猩猩取食时，极具破坏性，一旦食毕，该地区似乎被劫掠一空，满目疮痍。但是，在它们离开几个月后，山地大猩猩喜爱的植物重新生长，且生机盎然。

山地大猩猩

蓝　山

蓝山位于悉尼以西65千米处，是澳大利亚南部新南威尔士州一处著名的旅游胜地。蓝山其实是一系列高原和山脉的总称。蓝山卡通巴附近，怪石林立，有三姐妹峰、吉诺兰岩洞、温特沃思瀑布、鸟啄石等天然名胜。

蓝山山脉国家公园占地近 2000 平方千米，以格罗斯河谷为中心，峰峦陡峭，涧谷深邃。山上生长着各种桉树，满目翠蓝。入秋，叶间丹黄，景色更美。桉树为常绿乔木，树干挺拔，木质坚硬，含有油质，可提取挥发油，其挥发的气体在空气中经阳光折射呈现蓝光，因而这里得名蓝山。

蓝山山区是由三叠纪块状坚固砂岩积累而成的，怪石嵯峨，曾是当时欧洲移民向西推进的障碍。1813 年，欧洲人布拉斯兰·劳森历经艰险跨越山区到达内地，入山处当时植有纪念树，至今尚存，是拓荒者的遗迹之一。这里气候宜人，道路曲折。蓝山城是旅游中心，这里有供游人观光用的高空索道和深入峡谷的电缆车，游人在车内可慢慢欣赏四周的悬崖峭壁、瀑布和深谷。此地亦是早期流放囚徒的场所，1831 年由囚徒修建的哈特利法院遗址尚存，内有当年警察的徽章、通缉犯人的公告、刑椅、绞架以及牢房等。

三姐妹峰耸立于山城卡通巴附近的贾米森峡谷之畔，距悉尼约 100 千米，峰高 450 米，三块巨石拔地如笋，俊秀挺拔，如少女并肩而立，故名三姐妹峰。三姐妹峰险不可攀，1958 年建筑的高空索道，是南半球最早建立的载客索道。

蓝山山脉的温特沃思瀑布从一个悬崖上飞泻而下，落入 300 米深的贾米森峡谷谷底。从观瀑台上看过去，温特沃思瀑布像白练垂空，银花四溅，欢腾飞跃，气势磅礴。从观瀑台上回首西望，高原和山峰在云雾中时隐时现，虚无缥缈，景象奇特。

蓝山山区的吉诺兰岩洞经亿万年地下水流冲刷、侵蚀而形成，雄伟绮丽、深邃莫测。吉诺兰岩洞洞中有洞，主要有王洞、东洞、河洞、鲁卡斯洞、吉里洞、丝巾洞及骷髅洞。1838 年，

广角镜

琴鸟

琴鸟是雀形目琴鸟科的两种澳大利亚鸟，因求偶炫耀时尾羽展开的形状犹如一张竖琴而得名。琴鸟鸣声悦耳，栖息于澳大利亚东南部的林区，身体为褐色，颜色似雌鸡，共 1 属 2 种 4 个亚种。

漫长的地貌变化

吉诺兰岩洞由欧洲人发现，约在1867年被新南威尔士州政府列为保护区，洞内钟乳石、石笋、石幔在灯光的照射下闪烁耀眼，光怪陆离。王洞中的钟乳石又长又尖，向下伸展，与石笋相接。河洞中的巨大钟乳石形成"擎天一柱"，气势非凡，鬼斧神工，均为大自然奇观。

琴鸟是蓝山山脉的一道独特景观，也是澳大利亚特有的动物。雄性琴鸟的尾巴羽毛酷似古时候西方的一种乐器——竖琴，因此人们把这种鸟称为琴鸟。

琴鸟以雄琴鸟的艳丽尾羽而著名。但雄琴鸟表明自己所占的领地和吸引异性的炫耀行为，也同样精彩。雄琴鸟往往会因地制宜，就地取材，用林地上的废物堆成小丘，作为自己的表演舞台。琴鸟一面展尾开屏，亮出羽毛漂亮的银色底面，一面发出嘹亮的鸣叫声，并随着自己的旋律，载歌载舞。一只雄琴鸟所占领地，有时竟达方圆200多米。雌琴鸟用树枝和苔藓建造圆顶的巢穴，内壁以树皮纤维筑成，然后再铺上一层羽毛。

琴 鸟

琴鸟非常聪明伶俐，可以惟妙惟肖地模仿上百种鸟类或其他动物甚至人的声音。不论是雄琴鸟还是雌琴鸟，都非常善于模仿大自然的声音，但雄琴鸟在这方面的本领更胜雌琴鸟一筹。可以说，几乎没有什么声音是琴鸟不能模仿的，它们模仿其他动物的叫声逼真而神似，可谓不凡。有的林业工人报告说，琴鸟甚至可以模仿他们在森林中用电锯锯木头的声音。

漫长的地貌变化

水的变奏曲

地球是一个多山多水的地方。从黄果树的瀑布到天山的天池，从著名的死海到广阔的亚马孙河。无论是山泉、湖泊、瀑布还是海洋，都无疑地证明了世界上水资源的丰富以及大自然的鬼斧神工。接下来的这一章，我们就重点地向大家介绍一些著名的山泉湖泊。希望通过这一章的描写，能够使大家更加地喜欢大自然，热爱大自然！

漫长的地貌变化

鸣沙山与月牙泉

鸣沙山月牙泉风景名胜区，位于甘肃省敦煌市城南5千米处。古往今来以"山泉共处，沙水共生"的奇妙景观著称于世，被誉为"塞外风光之一绝"。鸣沙山和月牙泉是大漠戈壁中一对孪生姐妹，"山以灵而故鸣，水以神而益秀"，人们无论从山顶鸟瞰，还是泉边畅游，都会骋怀神往，的确有"鸣沙山怡性，月牙泉洗心"之感。

鸣沙山

鸣沙山因沙动成响而得名。山由流沙堆积而形成，沙分红、黄、绿、白、黑五色，汉代称沙角山，又名神沙山，晋代始称鸣沙山。鸣沙山东西绵亘约40千米，南北宽约20千米，主峰海拔1715米，沙垄相衔，沙随足落，经宿复初，此种景观实属世界所罕见。

所谓鸣沙，并非自鸣，而是因人沿沙面滑落而产生鸣响，是自然现象中的一种奇观，有人将其誉为"天地间的奇响，自然中美妙的乐章"。当人从山巅顺陡立的沙坡下滑，流沙似金色群龙飞腾，鸣声随之而起，初如丝竹管弦，继若钟磬合鸣，进而金鼓齐响，轰鸣不绝于耳。

自古以来，由于人们不明白鸣沙的原因，产生过不少动人的传说。相传，这里原本水草丰茂，有位汉代将军率军西征，一天夜里遭敌军偷袭。正当两军厮杀难解难分之际，大风骤起，刮起漫天黄沙，把两军人马全都埋入沙中，从此就有了鸣沙山。至今犹有沙鸣则是两军将士的厮杀之声的说法。据《沙州图经》记载：鸣沙山"流动无定，俄然深谷为陵，高岩为谷，峰危似削，孤烟如画,夕疑无地"。这段文字描述了鸣沙山形状多变,是由流沙造成的。鸣沙山东西南北纵横的山体,宛如两条沙臂围护着鸣沙山山麓的月牙泉。

趣味点击

《沙州图经》

《沙州图经》,又称《沙州志》,是中国现存最早的图经,唐代无名氏作,编于开元年间。《沙州图经》除记载当地行政机构和区划外,对那里的天象、池水、渠、泽、堰、堤、驿、县学、社稷坛、杂神、寺庙、冢、古城、祥瑞、歌谣、古迹等都有不同程度的描述。

月牙泉,处于鸣沙山环抱之中,其形状酷似一弯新月而得名,古称沙井,俗名药泉,自汉朝起即为"敦煌八景"之一,得名"月泉晓彻"。月牙泉南北长近100米,东西宽约25米,泉水东深西浅,最深处约5米,一弯清泉,涟漪萦回,碧如翡翠。月牙泉在流沙中,干旱不枯竭,风吹沙不落,蔚为奇观。历代文人学士对这一独特的山泉地貌、沙漠奇观称赞不已。

流沙与月牙泉泉水之间仅数十米,但虽遇烈风而泉却不被流沙所湮没,地处戈壁而泉水不浊不涸。历来水火不能相容,沙漠、清泉难以共存,但是月牙泉就像一弯新月落在黄沙之中。月牙泉泉水清凉澄明,味美甘甜,在鸣沙山的怀抱中静静地躺了几千年,虽常常受到风沙的袭击,

月牙泉

却依然碧波荡漾,水声潺潺。它的神奇之处就是流沙永远填埋不住清泉。月牙泉,梦一般的谜,在茫茫大漠中有此一泉,在风沙中有此一水,在满目荒凉中有此一景,深得天地之韵律、造化之神奇,令人目酣神醉。

漫长的地貌变化

黄果树瀑布

黄果树瀑布，是中国最大的瀑布，也是世界最壮观的大瀑布之一。它位于贵阳以西160千米的白水河上。黄果树瀑布落差74米，宽81米，河水从断崖顶端凌空飞流而下，倾入崖下的犀牛潭中，势如翻江倒海，水石相激，发出震天巨响，腾起一片水雾，水雾在阳光的照射下，又化作一道道彩虹，奇妙无穷。

黄果树瀑布群，是以著名的黄果树瀑布为中心的一个瀑布群体，由姿态各异的十几个地面瀑布和地下瀑布组成。黄果树瀑布群集中分布在约450平方千米区域内的贵州北盘江支流打邦河、白水河、灞陵河和王二河上。

黄果树瀑布群形成于典型的亚热带岩溶地区，统称"岩溶瀑布"。科学工作者经过考察把它们分为两种类型，即以黄果树瀑布为代表的河流袭夺型瀑布，以关脚峡瀑布为代表的断裂切割型瀑布。黄果树瀑布群被称为"岩溶瀑布博物馆"。

黄果树瀑布群由于分布在岩溶洞穴、明河暗湖中，构成"瀑布成群、洞穴成串、奇峰汇聚"的世界罕见自然景观。黄果树瀑布群按地理位置和河流体系可划分为五大片区，即黄果树中心区、灞陵河区、天星桥区、关脚峡区和龙潭暗湖区。滴水滩瀑布位于灞陵河上游，距黄果树瀑布以西1000米。它是灞陵河上的一个支流突然坠落而成，由

拓展阅读

白水河

白水河是一条由玉龙雪山融化的冰川雪水汇成的河流，水清澈墨绿，因河床由沉积的石灰石碎块组成，呈灰白色，清泉流过，远看就像一条白色的河，因此而得名。据说白水河的水来自玉龙之口，带有灵性。

7级组成，总高达410米，最后一级为高滩瀑布，宽63米，高达130米，是瀑布群内最高的瀑布，雪白的瀑布飞流直下如一匹白练，与两旁青色山岩上的苔藓相互映衬，别具风格。天星桥瀑布区位于黄果树大瀑布下游6000米处，这里是石、树、水的美妙结合。

黄果树瀑布中心区位于贵州省镇宁、关岭两县境内北盘江支流、打帮河上游的白水河和灞陵河上。白水河自70多米高的悬崖绝壁上飞流直泻犀牛潭中，发出震天巨响，如千人击鼓，万马奔腾，使人惊心动魄。数百年前明代著名地理学家徐霞客游至黄果树瀑布时曾这样描述：水自"溪上石漫顶而下"，"万练飞空"，"揭珠崩玉，飞沫反涌，如烟雾腾空，势甚雄厉，所谓珠帘钩不卷，匹练挂遥峰，具不足拟其状也"。黄果树瀑布的水，随季节变换出种种迷人奇观。冬春季节水小时，瀑布铺展在整个崖壁上，不失其"阔而大"的气势，人们赞美它如银丝飘洒，豪放不失秀美；秋、夏水大时，如银河倾泻，奔腾浩荡，势不可挡，瀑布激起的水雾，飞溅100多米高，飘洒在黄果树街上，又有"银雨洒金街"的美称。

在正面看黄果树瀑布，景色壮丽，而在瀑布背后的洞穴

黄果树瀑布

拓展阅读

玲珑秀美的天星桥区

如果说黄果树瀑布的特点是气势磅礴，那么天星桥区则是玲珑秀美，"风刀水剑刻就万顷盆景，根笔藤墨绘制千古绝画"的对联，概括了天星桥区的神韵。这里有三个连接的片区，即天星盆景区、天星洞景区、水上石林区。

漫长的地貌变化

里观瀑，却又是另一番景象。人们早知道瀑布背后的山腰上有洞穴，并称之为水帘洞。全国很多地方都有水帘洞，但像黄果树这样的水帘洞却是绝无仅有的。水帘洞长达134米，内有6个洞窗、5个洞厅和3股洞泉。在水帘洞里看彩虹，给人一种奇妙的感觉，而且从每个洞窗看，各有不同的景象。只要是晴天，上午9点到11点之间，在瀑布前一般都能看到彩虹，有时还可以看到"双彩虹"，前面一道长，后面一道短；前面一道色彩浓，后面一道色彩淡。黄果树这个地区除瀑布以外，还有许多奇特的洞穴。这些洞穴中堆积了千姿百态的滴石、边石，构成了一个奇妙的洞穴世界。

水帘洞

纳木错

纳木错是闻名西藏的三大圣湖之一，湖面海拔4718米，从湖东岸到西岸全长70多千米，由南岸到北岸宽30多千米，总面积为2000多平方千米，是我国的第二大咸水湖，也是世界上海拔最高的咸水湖，最深处约33米。纳木错位于藏北高原东南部，念青唐古拉山峰北麓。纳木错湖水清澈透明，湖面呈天蓝色，水天相融，浑然一体，闲游湖畔，令人心旷神怡。

纳木错是第三世纪末和第四世纪初，喜马拉雅山运动凹陷而形成的大型构造断陷湖。后因青藏高原气候逐渐干燥，纳木错面积大为缩减。现存的古湖岩线有3道，最高一道距现在的湖面约80余米。湖滨平原牧草良好，是天然的牧场。

纳木错中5个岛屿兀立于万顷碧波之中，人们传说这五座岛是五方佛的化身，其中最大的是良多岛，面积为1.2平方千米。此外纳木错还有5个半岛从不同的方位凸入水域，其中扎西半岛居5个半岛之冠。扎西半岛位于湖的东侧，像是湖岸伸入湖中的一只拳头。远远望去，它是个小山包，由于山包中间明显裂开，人们说它是个睡佛，短的一段是脑袋，长的一段是身子，腿侧伸入湖中隐而不见。其实，这是个由石灰岩构成的约10平方千米的半岛，由于湖水的侵蚀，分布着许多幽静的岩洞，形成了独特的喀斯特地貌，有的洞口呈圆形而洞浅短，有的岩洞狭长似地道，有的岩洞上面塌陷形成自然的天窗，有的洞里布满了钟乳石。岛上到处怪石嶙峋，峰林遍布，峰林之间还有自然连接的石桥。岛上地貌奇异多彩，巧夺天工，实属奇观。纳木错阴面有18大梁，阳面有18大岛。这里的牧人自豪地说："纳木错美如画，阴面有18大梁，最著名的山梁在阳面，阳面有18大岛，最著名的岛在阴面。"就是说在纳木错湖周围共有18道山梁，其中除多加山梁在阳面外，其余都在湖的阴面即南边。纳木错共有18个岛，其中除扎西岛在阴面外，其余诸岛均在阳面即纳木错湖的北边。

虽然纳木错海拔达4718米，但岛上、湖滩上到处都生长着茂密的牧草和柏树林。湖岛上那些岩洞及树丛中还有极丰富的水生物，这些水生物将这里作为它们生活的理想乐园。

纳木错

苍山洱海

苍山洱海位于中国云南大理，是古今旅游者所向往的地方。明代著名文人杨升庵描绘它"山则苍茏垒翠，海则半月掩蓝"，"一望点苍，不觉神爽飞越"。苍山洱海保护区地处滇中高原西部与横断山脉南端交汇处，主峰点苍山位于横断山脉与青藏高原的结合部，顶端保存着完整的典型冰融地貌，洱海为云南第二大淡水湖泊。苍山洱海山水相依，绵延40余千米，宛如一幅色彩鲜明的山水画卷。

苍山，又名点苍山，共有19座山峰，最高峰海拔4000多米。苍山景色向来以雪、云、泉著称。经夏不消的苍山雪，是素负盛名的大理"风花雪月"四景之最。在风和日丽的阳春三月，苍山山顶显得晶莹娴静，完全是冰的世界。苍山的云变幻多姿，时而淡如青烟，时而浓似泼墨。在夏秋之交，不时出现玉带似的白云漂浮在苍翠的山腰，横亘百里，竟日不消，妩媚动人。

在苍山顶上，有着不少高山冰碛湖泊，湖泊四周是遮天蔽日的原始森林。这里还有18条溪水，它们处于19峰之间，滋润着山麓坝子里的土地，也点缀了苍山的风光。苍山还是一个花团锦簇的世界，不仅有几十种杜鹃，而且有珍稀的苁碧花和绣球似的马缨花等。

基础小知识

马缨花

马缨花，为杜鹃花科、杜鹃花属的一种。马缨花高3~8米，最高可达12米以上。马缨花树皮为棕色，呈不规则片状剥裂，枝条直立；叶面深绿色，无毛，无皱，背面淡棕色；花簇生于枝顶，呈伞形花序式的总状花序，有花10~20朵，大而美丽。

苍山自然景观优美，风景名胜荟萃，如闻名遐迩的蝴蝶泉、奇险兼有的凤眼洞和龙眼洞、历史悠久的将军洞，以及南诏德化碑、感通寺、中和寺等文物古迹。山顶有绮丽的花甸坝子、洗马潭、黄龙潭、古代冰川遗迹等自然景观。古人将苍山多种自然景观概括为苍山八景，即晓色画屏、苍山春雪、云横玉带、凤眼生辉、碧水叠潭、玉局浮云、溪瀑丸石、金霞夕照。

苍 山

洱海形成于距今1.2万多年前的大理冰期。当时，在大理附近发生了一次强烈地震，地壳断裂为一个大的内陆盆地，而后聚水成湖。洱海地区因受沿横断山脉北上孟加拉湾海洋风的侵袭，下关、大理一带经常刮风，所以湖面多浪。一遇大风，湖面波涛汹涌，呈现出"海"的幻觉。洱海是一个风光明媚的高原淡水湖泊，在古代文献中曾被称为"叶榆泽"、"昆弥川"、"西洱河"、"西二河"等。洱海水面海拔1900米左右，北起洱源县江尾乡，南止于大理市下关镇，形如一弯新月，南北长41.5千米，

苍山下的洱海

东西宽3~9千米，周长约116千米，面积约251平方千米。洱海属澜沧江水系，北有弥苴河和弥茨河注入，东南有波罗江汇入，西纳苍山十八溪水，水源丰富，平均容水量为28.2亿立方米，平均水深10.5米，最深处达20.5米。湖水从西洱河流出，与漾江汇合注入澜沧江。

漫长的地貌变化

拓展阅读

澜沧江

澜沧江是湄公河上游在中国境内河段的名称，是中国西南地区的大河之一，是世界第九长河，亚洲第四长河，东南亚第一长河。澜沧江发源于青海省的杂多县吉富山，源头海拔5200米，主干流总长度2139千米，澜沧江流经青海、西藏和云南三省区，在云南省西双版纳傣族自治州出境成为老挝和缅甸的界河后始称湄公河。

洱海西面有苍山横列如屏，东面有玉案山环绕衬托，空间环境极为优美，"水光万顷开天镜，山色四时环翠屏"，素有"银苍玉洱"、"高原明珠"之称，自古及今，不知有多少文人墨客写下了对其赞美不绝的诗文。南诏清平官杨奇鲲在其被收入《全唐诗》的一首诗作中描写它"风里浪花吹又白，雨中岚影洗还清"；元代郭松年《大理行记》又称它"浩荡汪洋，烟波无际"。凡此种种，不胜枚举。

洱海气候温和湿润，风光绮丽，景色宜人。巡游洱海，岛屿、洞穴、湖沼、沙洲、林木、村舍，各具风采，令人赏心悦目。古人将洱海概括为"三岛、四洲、五湖、九曲"，三岛为金梭岛、玉几岛、赤文岛；四洲为青莎鼻洲、大鹳淜洲、鸳鸯洲、马濂洲；五湖为太湖、莲花湖、星湖、神湖、渚湖；九曲为莲花曲、大鹳曲、潘矶曲、凤翼曲、罗莳曲、牛角曲、波曲、高莒曲、鹤翥曲。随着四时朝暮的变化，各种景观呈现出万千气象。

苍山洱海自然保护区主要保护对象为高原淡水湖泊及水生动植物、南北动植物过渡带自然景观、冰川遗迹。苍山洱海自然保护区内具有明显的七大植物垂直带谱，保存着从南亚热带到高山冰漠带的各种植被类型，是世界高山植物区系最丰富的地区之一。本区已鉴定的高等植物有2849种，其中国家重点保护植物26种，同时本区还是数百种植物模式标本的产地。苍山花卉，品种繁多。云南的八大名花，即山茶花、杜鹃花、玉兰花、报春花、百合花、

> **你知道吗**
>
> ### 麋鹿又称"四不像"
>
> 在中国，麋鹿又叫作"四不像"，被认为是一种灵兽，最为著名的形象是古典小说《封神演义》里姜子牙的坐骑"四不像"。

龙胆花、兰花、绿绒蒿，在苍山都能寻找得到踪迹。其中，仅杜鹃花品种就有 41 种，从山脚直到海拔 4100 米的积雪地带，层层叠叠，成片成簇。苍山也是野生动物的乐园。这里气候适宜，植被茂密，至今还生活着鹿、麂、岩羊、野牛、山驴、野猪、狐、雉鸡以及少数的珍稀动物麋鹿等。

"三江并流"

"三江并流"是指金沙江、澜沧江、怒江从青藏高原并行从北至南奔腾而下，穿过大小雪山、云岭和怒山山脉，形成"三江并流，四山并立"的自然奇观。国内外专家认为，"三江并流"地区是反映地球演化重大事件的关键区域，也是世界上生物多样性最丰富的地区之一，还是珍稀和濒危动植物的主要栖息地，这里自然景观类型之多，内容之丰富世所罕见。

"三江并流"世界自然遗产核心区面积为 1.7 万平方千米，由高黎贡山、梅里雪山、哈巴雪山、千湖山、红山、云岭、老君山、老窝山八大片区组成，每一个片区都分别代表了不同流域、不同地理环境下各具特色的生物多样性、地质多样性、景观多样性的典型特征，相

"三江并流"地区风光

漫长的地貌变化

互之间存在着在整体资源价值上的互补性和在典型资源类型上的不可替代性。

发生在4000多万年前的喜马拉雅造山运动，造就了举世罕见的"三江并流"自然奇观。据权威地质史资料记载，发生在4000多万年前的一次强烈地壳运动，使印度次大陆板块游离澳大利亚大陆而漂移，并与欧亚大陆板块大碰撞，引发了地球演化史上的喜马拉雅造山运动，"三江并流"就是远古地球陆地漂移碰撞的产物。如今号称"世界屋脊"的青藏高原，以及其南缘部分的云南"三江并流"地区，在远古洪荒时代还是波涛汹涌的古特提斯海（又称古地中海）的一部分。大碰撞引发了横断山脉的急剧挤压、隆升、切割，这里的岩石被挤碎、揉皱，造成变质重组，褶皱、断裂、节理、劈理等岩体构造变形现象格外引人注目，形成了"四山并立"（大小雪山、云岭、怒山、高黎贡山）、"三江并流"（金沙江、澜沧江、怒江）的独特自然奇观。

金沙江是三江之一。它发源于唐古拉山脉的格拉丹冬雪山北麓，是西藏和四川的界河。它在西藏的江达县和四川的石渠县交界处进入昌都地区边界，经江达、贡觉和芒康等县东部边缘，至巴塘县中心线附近入云南，然后在云南丽江折向东流，是长江的上游。金沙江在巴塘河口由上源通天河进入了川藏之间的高原地带时，在深山峡谷中蜿蜒而去，呼啸在悬崖陡壁之间。这里属于地质学上的"三江褶皱带"，各山系平行绵延于一狭窄地带，高山峡谷相间，地势险要。金沙江在2308千米的流程中，流水下切形成的峡谷河道达2000千米，江面与两岸群山的高度差距多在1000~1500米。深切的金沙江，拥有众多呈羽毛状排列的支沟。沿江地貌陡峻而破碎，支沟下游多为峡谷、嶂谷或干热河谷。金沙江从石鼓镇突然急转北流约40千米后，在中甸县桥头镇闯进玉龙雪山和哈巴雪山之间，穿山削岩，劈出了一个世界上最深、最窄、最险的大峡谷——虎跳峡。江水在约30千米长的峡谷中，跌落了213米，江面最窄达30米，金沙江在这里展示了一种不可阻挡的英雄气概。

澜沧江是三江中的第二条大江。它系国际河流，在东南亚为湄公河，是亚洲流经国家最多的河。它流经中国、缅甸、老挝、泰国、柬埔寨和越南，在越南胡志明市附近注入南海，全长4900千米。国境处多年平均年水量约

640亿立方米，为黄河的1.1倍。澜沧江在我国境内水能资源可开发量约为3000万千瓦。这条河在中国境内的流程为2198千米，境外长度为2711千米。澜沧江源头，河网纵横，水流杂乱，湖沼密布。澜沧江上游的杂曲河流经的地区有险滩、深谷、原始林区、平原，地形复杂，冰峰高耸，沼泽遍布，景致万千。

三江中的另外一条江就是怒江。怒江发源于青海唐古拉山的南麓，流经西藏、云南，出国境穿过缅甸，最后注入印度洋。云南境内的怒江，奔腾于高黎贡山与碧罗雪山之间，两山海拔多在4000～5000米。怒江河床海拔仅800米左右，河谷与山巅等相差达3000～4000米，形成著名的怒江大峡谷。怒江大峡谷位于滇西横断山纵向峡谷区"三江并流"地带，在云南段长达300多千米，平均深度为2000米，最深处在贡山丙中洛一带，深达3500米，被称为"东方大峡谷"。海拔4000多米的高黎贡山和碧罗雪山夹着水流汹涌的怒江，峡谷中险滩遍布，两岸山势险峻，层峦叠嶂，比较有名的景观有利沙底石月亮、月亮山、马吉悬崖、丙中

怒江大峡谷

拓展阅读

月亮山

月亮山位于广西阳朔县十里画廊景区末端。这里的风光古朴素雅、恬静安逸。月亮山上有一个天然的大石拱，两面贯通，远看酷似天上明月高挂。如果是开着车观赏月亮山，那个石拱的形状会从弯弯的上弦月，逐渐变成半月、圆月，继而又变成下弦月，十分奇妙。

漫长的地貌变化

洛石门关、怒江第一湾、腊乌崖瀑布、子楞母女峰、江中松等。

青海湖

青海湖是我国最大的内陆咸水湖，位于青海省的东北部，距西宁150千米，南北宽约63千米，周长约360千米，面积约4500平方千米，湖面海拔约3200米，平均水深近20米，蓄水量约754亿立方米。青海湖古称"西海"、"羌海"，又称"鲜水"、"鲜海"，汉代也有人称之为"仙海"。

青海湖在不同的季节里，景色迥然不同。夏秋季节，当四周巍巍的群山和西岸辽阔的草原披上绿装的时候，青海湖湖畔山清水秀，景色十分绮丽。青海湖辽阔起伏的千里草原就像是铺上一层厚厚的绿色的绒毯，那五彩缤纷的野花，把绿色的绒毯点缀得如锦似缎，数不尽的牛羊和膘肥体壮的马犹如五彩斑斓的珍珠洒满草原；湖畔大片整齐如画的农田麦浪翻滚，菜花泛金，芳香四溢；那碧波万顷，水天一色的青海湖，好似一泓琼浆在轻轻荡漾。而寒冷的冬季，当寒流到来的时候，四周群山和草原变得一片枯黄，有时还要披上一层厚厚的银装。每年11月份，青海湖便开始结冰，浩瀚碧澄的湖面，冰封玉砌，银装素裹，就像一面巨大的宝镜，在阳光下熠熠闪亮，终日放射着夺目的光辉。

在青海湖的西北隅，距入湖第一大河布哈河三角洲不远的地方，有两座大小不一、形状各异的岛屿，一东一西，左右对峙，傍依在湖边。远远望去，这两个岛屿就像一对相依为命的孪生姊妹，在湖畔相向而立，翘首遥望着远

青海湖风光

方。这两座美丽的小岛，就是举世闻名的鸟岛。

拓展阅读

鸟 岛

中国有很多叫鸟岛的岛屿，其中，最著名的是青海湖鸟岛。青海湖鸟岛地处青海湖的西北部，面积0.8平方千米，近年来由于注入的水量少于蒸发量，湖水逐渐下降，基本上已成为半岛。

鸟岛，因岛上栖息着数以十万计的候鸟而得名。它们真实的名字，西边的小岛叫海西山，又叫小西山，也叫蛋岛；东边的大岛叫海西皮。海西山形似驼峰，面积原来很小，现在随着湖水下降有所扩大，岛顶高出湖面约7.6米，岛上鸟类数量众多，约有八九万只。这里是斑头雁、鱼鸥、棕颈鸥的世袭领地。每年春天，斑头雁、鱼鸥、棕颈鸥等一起来到这里，在岛上各占一方，筑巢垒窝。到了产卵季节，岛上的鸟蛋一窝连一窝，密密麻麻数也数不清，所以，人们又把这里称为蛋岛，平时所说的鸟岛也主要是指这里。

海西皮，东高西低，形状如跳板，面积比海西山大四倍多，岛上地势较为平坦，生长着茂密的野葱等植物；岛的东部悬崖峭立，濒临湖面；岛前有一巨石突兀嶙峋，矗立湖中，四周波光粼粼，颇为壮观；岛的西部是一缓坡，与海西山紧相毗连。海西皮为鸬鹚的王国，栖息的鸬鹚数以万计，它们在岩崖上筑满大大小小的窝巢。尤其是岛前的那块巨石之上，鸬鹚窝一个连一个，俨然一座鸟儿的城堡。

鸟 岛

漫长的地貌变化

鸟岛之所以成为鸟类繁衍生息的理想家园，主要是因为它有着独特的地理条件和自然环境。这里地势平坦，气候温和，三面环水，环境幽静，水草茂盛，鱼类繁多。那些独具慧眼的鸟儿们，根据自己的习性和爱好，在这里选择不同的地形地貌和生态环境，构筑自己的家园。鸟岛上的鸟，大都是候鸟，每到春天，当印度洋上的暖流涌来时，侨居南亚诸岛的鸟禽便带着清新的气息，越过冰雪皑皑的喜马拉雅山向北迁徙。一路上，它们嘎嘎地欢叫着，日夜兼程。它们有的飞到青藏高原的江河湖泊，有的飞过沙漠到更远的地方，有的飞到青海湖鸟岛。它们一到这里，来不及洗去羽毛上的征尘，也顾不上安闲地歇息，便忙忙碌碌地衔草运枝，建造新居。这时候的鸟岛，简直是一片欢腾的世界、繁忙的世界、喧闹的世界。云集到鸟岛上的数十万只鸟儿，从早到晚不停地起飞落下、落下又飞起。这里天上地下、岛上岛下，全是鸟儿们的身影。

喀纳斯湖

喀纳斯湖位于新疆布尔津县北部，距县城150千米，是一个坐落在阿尔泰山密林中的高山湖泊。喀纳斯湖湖面海拔1374米，南北长24千米，平均宽1.9千米，湖水最深处达188.5米，面积44.78平方千米。喀纳斯湖面碧波万顷，群峰倒映，湖面还会随着季节和天气的变化而时时变换颜色，是有名的"变色湖"。每至秋季，喀纳斯湖湖边层林尽染，景色如画。

喀纳斯湖形成于距今20万年前后，是第二次大冰期的巨大复合山谷冰川刨蚀而成的。当时，喀纳斯冰川长达百余千米，冰川厚度两三百米。冰川缓慢而稳定的退缩，在喀纳斯湖口留下了宽1000多米、高50~70米的终碛垄，而后即迅速地退缩，形成了现在喀纳斯湖的基础。喀纳斯湖区垂直自然景观带非常明显，在湖边就可看到阿尔泰山7个自然景观带的全貌，它们是黑钙土草甸草原带、山地灰黑土针阔叶林带、山地漂灰土针叶林带、亚高山草甸带、高山草甸带、冰沼土带和永久冰雪带。

喀纳斯湖有几大奇观。一是千米枯木长堤。这是喀纳斯湖中的浮木被强劲的谷风吹着逆水上漂，在湖上游聚集而成的；二是湖中有巨型"湖怪"（近年有人认为是当地特产的一种大红鱼），常常将在湖边饮水的马匹拖入水中，给喀纳斯平添了几分神秘色彩；三是雨过天晴时才有的喀纳斯云海佛光。

喀纳斯湖四周群山环抱、峰峦叠嶂。整个地区峰顶银装素裹、森林密布、草场繁茂，山坡一片葱绿，湖面碧波荡漾。群山倒映湖中，使蓝天、白云、雪岭、青山与绿水浑然一体，湖光山色美不胜收。这里垂直带谱明显，山巅银光闪烁，现代冰川雄伟壮观。本区冰川面积和冰储量分别占整个阿尔泰山的74.46%和70.08%，山腰、山麓地带原始西伯利亚泰加林一片葱绿，绿草如茵，百花争艳。喀纳斯湖会随着季节和天气的变化时时变换着自己的颜色：或湛蓝，或碧绿，或黛绿，或灰白……有时诸色兼备，浓淡相间，成了有名的"变色湖"。

喀纳斯湖

喀纳斯湖区为寒温带高寒山区，长冬无夏，春秋相连，7月的平均气温为15.9℃，无霜期达80~108天，年平均降水量达1065.4毫米，空气温凉，非常适宜寒温带林木的生长。这里是我国寒温带植物种类最多的地区，以挺拔的落叶松、塔形的云杉、苍劲的五针松、秀丽的冷杉，以及婀娜多姿的欧洲山杨、疣枝桦等构成了植被的主体。全区森林覆盖率为19.4%，在林业用地中，森林更高达82%。经考查，喀纳斯湖区已知的植物有83科298属798种。这里的新疆五针松、新疆冷杉、灌木柳，以及西伯利亚花楸、接骨木、鹿根、小叶桦、阿尔泰大黄鸡腿参等是中国仅有的分布区。生活在喀纳斯湖

漫长的地貌变化

区已知的兽类有 39 种，昆虫有 22 目 63 属 224 种。

喀纳斯湖东岸高大的陡崖旁，至今还有长几十米的羊背石。石上布满了丁字形的冰川擦痕，更有趣的是，石上还留有古代游牧民族的岩画、石刻。画面共分两处，间隔 50 余米。第一处岩画在羊背石磨光的刻蚀槽内，图案有刺猬、野猪、山羊、雪鸡等动物造型。第二处岩画在羊背石背面的小陡坡上，图案清晰，以马、羊、狼、

你知道吗

疣枝桦

疣枝桦为桦木科桦木属落叶乔木，高可达 25 米，树皮白色，薄片剥落，老树枝条细长下垂，红褐色，皮孔显著，花期为每年的 4 月上旬至 5 月上旬，7 月果熟。疣枝桦树干修直，洁白雅致，十分引人注目。疣枝桦具有喜光、抗寒、喜湿润、对土壤要求不严、生长良好、适应性强、基本无病虫害等特点，因此疣枝桦除孤植外，还可丛植于公园草坪、湖畔或列植于道旁。

鹿等动物图案为主，其中最大的一幅为梅花鹿图案，鹿角向上，眼睛俯视前方。岩画雕刻手法拙朴、造型逼真，是游牧民族生活的真实写照。

天山天池

天山天池古称"瑶池"，是我国著名的风景游览区。天山天池位于新疆阜康市城南博格达峰的群山之中，海拔 1980 米，长 3400 米，最宽处约 1500 米，最深处达 105 米。这里，群山环抱一潭碧水，雄伟挺拔的雪峰倒映在池水中，湖光山色，浑然一体；满山苍松叠嶂，郁郁葱葱，一望无际；林间花草丛生，毡房点缀，羊群遍野。

天山天池属冰碛湖。在 2.8 亿年前的古生代，这里曾是汪洋大海，后来，由于地壳的频繁活动、海底火山的不断喷发和华力西造山运动，海底崛起成为陆地，形成博格达山的原始轮廓。中生代以后的燕山运动又使博格达山再

次隆起。新生代时期，山地大幅度上升，形成了今天的博格达山脉，湖水退到现在的山前盆地。第四纪大冰期以后，气候转暖，冰川逐渐消退，天山天池就是在冰川消退回缩、融水下泄时所挟带的岩屑巨砾逐渐停积阻塞成垅、积水成湖的。

天山天池的气候别具一格。新疆远离海洋，位于大陆腹地，但天山天池却冬暖夏凉，雨水充足，接近海洋性气候。它没有"四季"之分而以0℃为界，0℃以上有7个月，0℃以下有5个月。最热的7月，气温只不过15℃，最冷的1月，气温也不过-12℃左右。气象学家将这种高处暖、低处冷的温度分布称作"逆温"，这是由盆地的地形特色造成的。

天山天池

天山天池风景区，以天山天池为中心，集森林、草原、雪山、人文景观于一体，形成别具一格的特色风光。它北起石门，南到雪线，西达马牙山，东至大东沟，总面积达160平方千米。立足高处，举目远望，那一泓碧波高悬半山，就像一只玉盏被巨手高高擎起。

天山天池湖水清澈碧透，四周群山环抱，幽谷深壑，湖滨绿草如茵。这里气候湿润，降水充沛，年降雨量在500毫米左右。盛夏，戈壁酷暑难熬，而天山天池却空气清新，凉爽

趣味点击　马牙山

马牙山断崖崔嵬，石峰林立：远望犹如一排马牙，仰视宛若万笏朝天；乱石争奇，千岩竞秀，令人目眩神迷。马牙山这种景观是岩石风化作用造成的。马牙山山顶比较平坦，是一片肥美的草原，夏季长满了酥油草，盛开着各色鲜花。人们站在这里环顾四周，北面的天山天池风光尽收眼底，东面的博格达峰和南面的雪山云雾似乎近在咫尺。

漫长的地貌变化

宜人。七八月份，夜晚房间还要生火取暖，故天山天池有"早穿皮袄午穿纱，抱着火炉吃西瓜"的奇特现象。

　　天山天池的秀丽风姿引人入胜。天山天池湖面平静，湖中游艇荡漾，四周雪峰环列、云杉参天。在百花盛开的草地上，毡房点点，炊烟袅袅。游人在此可登高山、穿密林，俯览天山天池全景；也可泛舟湖面，饱览湖光山色。雪天天山天池银装素裹，远望博格达峰皑皑白雪，别有一番情趣。天山天池共有三处水面，除主湖外，在东西两侧还有两处水面，东侧为东小天池，古名黑龙潭，位于天山天池东500米处，传说是西王母沐浴梳洗的地方，故又有"梳洗涧"、"浴仙盆"之称。潭下为百丈悬崖，有瀑布飞流直下，恰似一道长虹依天而降，煞是壮观。天山天池西侧为西小天池，又称玉女潭，相传为西王母洗脚处。西小天池状如圆月，池水清澈幽深，塔松环抱四周，如遇皓月当空，静影沉壁，清景无限，因而得一景曰"龙潭碧月"。西小天池有一道瀑布，高数十米，如银河落地，吐珠溅玉，这一景曰"玉带银帘"。池上有闻涛亭，登亭观瀑别有情趣，眼可见帘卷池涛，松翠水碧；耳可闻水击岩穿、声震裂谷。

　　天山天池不仅山水风光秀美瑰丽，而且还有许多珍奇的动植物，其中最惹人喜爱的是被称作"高山玫瑰"的雪莲。雪莲多开放在高山的雪线以上，可从盛夏开花直到深秋，即使是在雪花纷飞中照样怒放。它傲霜斗雪的禀性和顽强的生命力赢得了人们的赞叹。雪莲可入药，当地人民喜欢以雪莲烹煮食物，强身健体，延年益寿。

维多利亚瀑布

　　维多利亚瀑布位于非洲南部赞比西河中游的巴托卡峡谷区，地跨赞比亚和津巴布韦两国。维多利亚瀑布是非洲最大的瀑布，瀑布落差106米，宽约1800米，瀑布带所在的巴托卡峡谷绵延长达130千米，共有七道峡谷，蜿蜒曲折，成"之"字形，是罕见的天堑。在离瀑布40~65千米处，人们可看到升入300米高空如云般的水雾；在未见到瀑布前的远方，就能听到水的轰鸣声。

赞比亚的中部高原是一片300米厚的玄武熔岩；熔岩于两亿年前的火山活动中喷出，那时还没有赞比西河。熔岩冷却凝固，出现格状的裂缝，这些裂缝被松软的物质填满，形成一片大致平整的岩床。在50多万年前，赞比西河流过高原，河水流进裂缝，冲刷裂缝的松软填料，形成深沟。河水不断涌入，激荡轰鸣，直至在较低的边缘处找到溢出口，注进一个峡谷。第一道瀑布就是这样形成的。这一过程并没有就此结束，在瀑布口下泻的河水逐渐把岩石边缘最脆弱的地方冲刷掉。河水不断地侵蚀断层，把河床向上游深切，形成与原来峡谷成斜角的新峡谷。河流

维多利亚瀑布

一步步往后斜切，遇到另一条东西走向的裂缝，把里面的松软填料冲刷掉。整条河流沿着格状裂缝往后冲刷，在瀑布下游形成"之"字形峡谷网。

赞比西河接近瀑布时，河水在巴托卡峡谷突然折转向南，从悬崖边缘下泻，形成一条长长的白练，以无法想象的磅礴之势翻腾怒吼，飞泻至狭窄嶙峋的陡峭深谷中。整个瀑布被巴托卡峡谷上端水面的四个岛屿划分为五段。最西一段被称为"魔鬼瀑布"，此瀑布以排山倒海之势，直落深谷，轰鸣声震耳欲聋。该地段宽度只有30多米，水流湍急，即使旱季也不减其气势。与"魔鬼瀑布"相邻的是主瀑布，流量最大，高约93米，中间有一条缝隙。主瀑布东边是南玛卡布瓦岛，旧名利文斯敦岛，因当年英国传教士利文斯敦乘独木舟到达此岛而得名。南玛卡布瓦岛东边的一段瀑布被称作"马蹄瀑布"。

漫长的地貌变化

拓展阅读

彩虹的古代观测

早在中国唐代时，精通天文历算之学的进士孙彦先便提出"虹乃雨中日影也，日照雨则有之"的说法，已解释了彩虹乃是水滴对阳光的折射和反射，孙彦先的发现后来也被宋代沈括的《梦溪笔谈》所引用及证实，而且沈括也细微地观察到彩虹和太阳的位置与方向是相对的现象。孙彦先和沈括等人对彩虹的这些发现比西方早了几百年。

再往东去，是维多利亚瀑布的最高段，在此段峡谷之间，水雾飞溅，经常会出现绚丽的七色彩虹，被称为"彩虹瀑布"。维多利亚瀑布最东面的是"东瀑布"，它在旱季时往往是陡崖峭壁，雨季才挂满千万条素练般的瀑布。维多利亚瀑布的第一道峡谷东侧，有一条南北走向的峡谷，峡谷宽仅60多米。整个赞比西河的巨流就从这个峡谷中翻滚呼啸狂奔而出。峡谷的终点，被称作"沸腾锅"。这里的河水宛如沸腾的怒涛，在天然的"大锅"中翻滚咆哮，水沫腾空达300米高。

峡谷东部有处景观叫"刀尖角"，是突出于峡谷之中的三角形半岛。从"刀尖角"到对岸有30多米的间隔，1969年，这里建造了一座宽2米的小铁桥用来沟通峡谷两岸。铁桥飞架在急流之上，名叫"刀刃桥"。这是一处令人心惊胆战的最佳观景点，漫天的巨涛从前面扑来，万丈巨崖都在抖动，不但壮丽，而且震撼人心。

死 海

死海位于西亚以色列、巴勒斯坦和约旦之间的约旦－死海地沟最底部。约旦－死海地沟约长560千米，是东非大裂谷的北部延伸部分，这是一块下沉的地壳，夹在两个平行的地质断层崖之间。死海是地球表面的最低点，海

拔约 -400 米。死海因地势极低而积聚大量的矿物质，其湖水盐分是一般海水的 6 倍，能产生极大的浮力并有治疗皮肤病的效用。

死海南北狭长，面积 1000 多平方千米，湖面低于地中海海平面 392 米，是世界上最低的地方；湖水平均有 146 米深，最深的地方有 400 米，所以湖底最深的地方，已经在海平面以下 700 多米了。

死海的北面有约旦河流入，南面有哈萨河流入，但是，却没有水道和海洋通连，湖里的水只进不出。由于死海所在地区炎热干燥，气温高，蒸发强烈，水分蒸发后盐分却留了下来。日久年深，湖中积累的盐分就越来越多了，使死海变成世界上最咸的湖泊，含盐量高达 25%～30%。就是说 5 千克湖水中约含有 1 千克盐，是一般海水含盐量的 6～7 倍。

知识小链接

约旦河

约旦河源于叙利亚境内的赫尔蒙山，向南流经以色列，在约旦境内注入死海，全长 360 多千米，是世界上海拔最低的河。

死海由于含盐量高，湖水的密度超过了人体的密度，所以在死海中游泳的人平躺在水面上也不会下沉，甚至可以躺在水面上静静地看书。因为死海中含盐量太大了，所以湖水里除了某些细菌以外，其他生物都不能生存，沿岸草木也很稀少，湖泊周围死气沉沉，大家也就把它叫作"死海"。

游客躺在死海上看书

漫长的地貌变化

死海形成的原因主要有两个：其一，死海一带气温很高，夏季平均可达34℃，最高达51℃，冬季也有14～17℃。气温越高，蒸发量就越大。其二，这里干燥少雨，年均降雨量只有50毫米，而蒸发量则是140毫米左右。晴天多，日照强，雨水少，补充的水量微乎其微，死海变得越来越"稠"，沉淀在湖底的矿物质越来越多，咸度越来越大。于是，经年累月，便形成了世界上最咸的咸水湖——死海。

其实，死海是个大盐库，光是食盐的蕴藏量，据说就足够全世界的60亿人吃2000年。此外，死海中还含有多种盐类，如氯化镁、氯化钙、氯化钾、溴化镁、溴化钾等，都是重要的化学原料。近年来，死海沿岸已兴建了一些化工厂，开发这些宝贵的天然资源。在死海沿岸，盐堆积成奇怪的形状，看上去很像雪人。

亚马孙河

在南美洲安第斯山脉中段科罗普纳山的东侧，有一股涓涓细流，顺着山脉东麓古老岩石的表面向北流，在秘鲁伊基托斯市以北转而向东。一路上它会聚了成千上万条支流，形成一股势不可挡的滚滚洪流，日夜不息地倾入大西洋。它就是世界第一大河——亚马孙河。亚马孙河是南美洲人民的骄傲。它浩浩荡荡，千回万转，蜿蜒流经南美洲的8个国家和1个地区，滋润着700多万平方千米的广阔土地。南美洲人民自豪地说："安第斯山是我们的矛，亚马孙河是我们的盾。"

亚马孙河的名字与一个希腊

亚马孙热带雨林

神话有关。相传，在黑海高加索一带有个叫亚马孙的女人国，妇女们勇敢强悍。当初西班牙殖民主义者来到亚马孙河流域，发现当地居民像亚马孙女人国的妇女一样勇敢顽强，是一个不甘屈服于外来侵略势力的民族。而源远流长的亚马孙河神秘莫测，也难以驯服，于是这条河流便被称为亚马孙河。亚马孙河是世界上流量最大、流域面积最广的河流，全长6751千米，沿途接纳约1000条支流，其中长度在1500千米以上的大支流就有17条，流域面积达705万平方千米，约占南美大陆总面积的40%。

基础小知识

希腊神话

希腊神话是原始氏族社会的精神产物，是欧洲最早的文学形式。希腊神话大约产生于公元前8世纪，它在希腊人长期口头相传的基础上形成基本规模，后来在《荷马史诗》和赫西俄德的《神普》及古希腊的诗歌、戏剧、历史、哲学等著作中记录下来，后人将它们整理成现在的古希腊神话故事，包括神的故事和英雄传说两部分。

亚马孙河流域的热带雨林大部分位于巴西境内，所在地区的海拔大多低于200米。这里雨量充沛，加上安第斯山脉冰雪消融带来的大量河水，每年有大部分时间被洪水淹没。亚马孙河流域地处赤道附近，气候炎热潮湿，雨量充沛，年平均温度在25~27℃，年平均降水量在1500~2500毫米。这种气候条件很适宜各种热带植物的生长。亚马孙河流域是一座巨大的天然热带植物园。据统计，这一地区的植物品种不下5万种，其中已经作出分类的就有25 000多种。茂密的林海覆盖了整个亚马孙河流域，以至它的一些支流至今还没有被发现。1976年，巴西空军用红外线从空中拍摄了亚马孙河流域的照片，通过对照片的分析，竟意外地发现了一条长达600千米的河流。这条河流由于被密密的森林和浓重的雾霭所遮盖，一直没有被人发现。

亚马孙河流域的动物种类也很丰富，有不少珍禽异兽，主要有美洲豹、貘、犰狳等。这一地区森林茂密，再加上河滩地带定期泛滥，这种特殊的地

漫长的地貌变化

理环境迫使这里的动物必须学会攀缘树木或者葛藤，而树枝和葛藤是经受不住过于笨重的动物的。因此，亚马孙地区的哺乳动物一般体型都比较小，而且大多数生活在树上，例如，树懒、猿猴、小食蚁兽、负鼠、蝙蝠等。这里的大小河流纵横交错，为淡水鱼和各种水栖动物提供了一个自由的乐园。

亚马孙河主流和支流中的鱼种多达2000种，这里有长约4米、重200千克的皮拉鲁库鱼，有带有发电器官的电鳗和电鲶。巨龟和龟蛋是当地居民的主要食品之一。龟蛋可以制成龟油。两栖类动物中最著名的是树蛙和负子蟾。还有一种牙齿非常锐利的食人鱼，体长仅20~40厘米，形似鲳鱼，非常嗜血，一旦有动物被一条食人鱼咬出血，成百上千条食人鱼就会闻到味而扑来抢食。据说，它们袭击牛、马需要15分钟，而吃人仅需5分钟。这一地区现在已经知道的鸟类就有约1500种。昆虫的种类不计其数，光是蚂蚁就有5000种。这里昆虫的特点是体型特别大，例如黑蚁长达4厘米；有一种夜蝶的翅膀，长达27厘米；还有一种长达20~30厘米的大蜘蛛，靠张网捕鸟为生。

树 懒

知识小链接

蝙蝠

蝙蝠是翼手目动物的总称，翼手目是哺乳动物中仅次于啮齿目动物的第二大类群，除极地和大洋中的一些岛屿外，分布遍于全世界。蝙蝠主要依靠回声来辨别物体，有一些种类的面部进化出特殊的增加声呐接收的结构，如鼻叶、脸上多褶皱和复杂的大耳朵。

尼亚加拉大瀑布

尼亚加拉瀑布是世界知名的三大瀑布之一。尼亚加拉大瀑布巨大的水流以银河倾倒、万马奔腾之势直捣河谷，咆哮呼啸，如阵阵闷雷，声及数里之外。尼亚加拉河左濒加拿大，右接美国，从伊利湖蜿蜒流向安大略湖，全长57.6千米。尼亚加拉河上游地势平坦，水流缓慢，及至中游，河面陡落48米，河水在此垂直下泻，形成巨瀑，这就是著名的天下奇观——尼亚加拉大瀑布。

尼亚加拉大瀑布宽1240米，平均落差55米，最大流量达每秒6700立方米，将近是黄河水量的3倍。伊利湖湖水流入比它低100多米的安大略湖，途经地表石灰岩断层形成巨大的落差，造就了尼亚加拉大瀑布奇观。据科学家考证，尼亚加拉大瀑布已经有一万多年的历史。参观尼亚加拉大瀑布最好的时间是每年的7~9月，因为这时的水量最大。伊利湖湖水经过河床绝壁上的山羊岛，被分隔成两部分，分别流入美国和加拿大，形成大小两个瀑布。小瀑布称为"美国瀑布"，在美国境内，高达55米，瀑布的岸长达328米。大瀑布称为"加拿大瀑布"或"马蹄瀑布"，形状有如马蹄，在加拿大境内，高达56米，岸长675米。

小瀑布因其极为宽广细致，很像一层新娘的婚纱，故又称为"婚纱瀑布"。由于湖底是凹凸不平的岩石，因此水流呈旋涡状落下，与垂直而下的大瀑布大不相同。这里也成为了情侣幽会和新婚夫妇度蜜月的胜地。

尼亚加拉大瀑布

漫长的地貌变化

大瀑布水量极大，水从 50 多米的高处直接落下，气势有如雷霆万钧，溅起的浪花和水汽，有时高达 100 多米，当阳光灿烂时，便会营造出一座美丽的七色彩虹。人稍微站得近些，便会被浪花溅得全身是水。若有大风吹过，水花可溅得更远，如同下雨一般。冬天，大瀑布表面会结成一层薄薄的冰。只有在这时，大瀑布才会寂静下来。

尼亚加拉大瀑布是一幅壮丽的立体画卷，从不同的角度观赏，会有不同的感受。正如西方著名文学家狄更斯用那充满哲理的语言所表达的："尼亚加拉大瀑布优美华丽，深深刻上我的心田；铭记着，永不磨灭，永不迁移，直到她的脉搏停止跳动，永远，永远。"

在尼亚加拉大瀑布下面有一座同名博物馆。据说尼亚加拉大瀑布博物馆是北美最早的博物馆。1819 年，美、加在此划定边界后，1828 年英国收藏家就在这里建立了这座博物馆。1998 年，该馆拍卖了其他藏品，只留下和尼亚加拉大瀑布有关的文物和资料，展出规模也因此缩小了。该博物馆的陈列向人们展示了一万两千多年前这个大瀑布形成的地质历史，以及对该瀑布的开发和参观游览盛况。许多艺术照片真实地再现了 7000 立方米/秒的流量从千余米宽的崖岸上跌落下来的人间奇景。这个袖珍型的博物馆陈列可以说应有尽有。

漫长的地貌变化

峡谷和岩洞

　　长江三峡是万里长江中一段壮丽的大峡谷,为中国十大风景名胜之一。它西起重庆市奉节县的白帝城,东至湖北省宜昌市的南津关,由瞿塘峡、巫峡、西陵峡组成,全长约192千米。它是长江风光的精华,神州山水中的瑰宝,古往今来闪耀着迷人的光彩。

　　当然本章并不单单地描写长江三峡的壮丽景观,还描写了东非大裂谷、科罗拉多大峡谷、布莱斯峡谷、死谷等多个峡谷与岩洞,让你足不出户就能感受到那来自于峡谷与岩洞的奥秘与传奇。

长江三峡

长江三峡是万里长江中一段壮丽的大峡谷，为中国十大风景名胜之一。它西起重庆市奉节县的白帝城，东至湖北省宜昌市的南津关，由瞿塘峡、巫峡、西陵峡组成，全长约192千米。它是长江风光的精华，神州山水中的瑰宝，古往今来，闪耀着迷人的光彩。自古以来，人们传颂：西陵峡滩多险峻，巫峡幽深秀丽，瞿塘峡雄伟壮观。寥寥数语，概括描写了长江三峡的景色。

长江三峡有狭谷与宽谷之分，这和峡江经过地区的岩性有关。狭谷多在石灰岩地区，其地岩层质地坚硬，抗侵蚀能力较强，因而河流对两岸的侵蚀能力较弱，但垂直裂隙（指在岩层中由于地质作用而产生的裂缝）比较发达，河流便趁隙而入，集中力量向底部侵蚀。随着河床逐渐加深，两岸坡谷的岩层失去了平衡，就会沿着垂直裂隙崩落江中，形成悬崖峭壁。而当河流流经比较松软、抗侵蚀能力也较差的砂岩和页岩等地区时，河流向两旁的侵蚀作用加强，便形成了宽谷。

瞿塘峡西起白帝城，东到大溪镇。它虽然只有8000米，顺流而下，瞬间即过，但却有"西控巴渝收万壑，东连荆楚压群山"的雄伟气势。瞿塘峡两岸悬崖绝壁，群峰对峙，赤甲山巍立江北，白盐山耸立

广角镜

白帝城名字的由来

白帝城原名子阳城，为西汉末年割据蜀地的公孙述所建，并在此屯兵积粮。公孙述有帝王之心，便令其亲信先造舆论。不久城里城外就流传起一条"重要新闻"，说是城内白鹤井里，近日常有一股白气冒出，宛如白龙腾空，此乃"白龙献瑞"，预兆这方土地上要出新天子了。舆论造足了，公孙述便于公元25年正式称帝，自号"白帝"，并改子阳城为白帝城。

南岸，山势岌岌欲坠，峰峦几乎相接。瞿塘峡江面最宽处一二百米，最窄处不过几十米，入峡处两山陡峭，绝壁相对，犹如雄伟的两扇大门，镇一江怒水，控川鄂咽喉，地势非常险要。正如唐代诗人杜甫所描写的那样："众水会涪万，瞿塘争一门"，故有"夔门（瞿塘峡）天下雄"之赞。

瞿塘峡

若经过瞿塘峡，仰望千丈峰峦，只见云天一线，奇峰异石，千姿百态。俯视峡江，惊涛雷鸣，一泻千里，犹如万马奔腾，势不可挡。

"瞿塘迤逦尽，巫峡峥嵘起。"从瞿塘峡经过一段山舒水缓的宽谷地带，便进入了奇峰绵延、峭壁夹岸、美如画廊的巫峡。巫峡因巫山得名，它西起巫山县的大宁河口，东至湖北省巴东县的官渡口，全长45千米，整个峡谷奇峰峭壁，群峦叠嶂。船行其间，忽而大山当前，似乎江流受阻；忽而峰回路转，又是一水相通。咆哮的江流，不断变换着方向，忽左忽右，七弯八绕，令人目不暇接。

幽深秀丽的巫峡，处处有景，景景相连，最为壮观的则是著名的巫山十二峰。这些山峰神态各异，有的若龙腾霄汉，有的似凤凰展翅，有的彩云缠绕，有的常有飞鸟栖息于苍松之间，而其中神女峰则最令人神往，还有与巫峡相连的大宁河、香溪河、神农溪，青山绿水，风景别致，充满山野情趣。

"十丈悬流万堆雪"的西陵

趣味点击

香溪河

香溪河位于湖北省西部，全长约97千米，是流经湖北兴山县与秭归县的最大河流。香溪河源头，奇峰竞秀，林海深处，云游雾绕，可以说是林间野花竞放，山中溪河纵横。

峡，西起秭归县的香溪河口，东至宜昌市的南津关，全长76千米。这里峡中有峡，大峡套小峡；滩中有滩，大滩含小滩，滩多流急，以险著称。"西陵滩如竹节稠，滩滩都是鬼见愁。"昔日西陵峡有三大险滩，青滩、泄滩、崆岭滩。滩险处，水流湍急，只有空船才能过去。今日，西陵峡航道上的险滩经过整治，如今航船已日夜畅通无阻了。西陵峡峡内从西向东依次有兵书宝剑峡、牛肝马肺峡、灯影峡、黄牛峡等。灯影峡一带，不仅有掩映的飞瀑，还有奇特的石灰岩洞、神奇的传说故事，为西陵峡增添了奇妙的色彩。

雅鲁藏布江大峡谷

雅鲁藏布江大峡谷位于"世界屋脊"青藏高原之上，平均海拔3000米以上，险峻幽深，侵蚀下切达5382米，具有从高山冰雪带到低河谷热带季风雨林等九个垂直自然带，是世界山地垂直自然带最齐全、最完整的地方。雅鲁藏布江大峡谷的基本特点可以用十个字来概括：高、壮、深、润、幽、长、险、低、奇、秀。

雅鲁藏布江大峡谷

雅鲁藏布江大峡谷地区及其周边地区，地质上归属东喜马拉雅构造结，与西喜马拉雅构造结相对应，是印度大陆楔入欧亚大陆最强烈的部位。雅鲁藏布江大峡谷地处强烈的地壳活动中心，是适应构造发育的构造弯、构造谷。雅鲁藏布江大峡谷所在地区正是印度板块向欧亚板块俯冲碰撞的中心地带，东侧又受到太平洋板块的抵挡，因此雅鲁藏布江大峡谷随构造转折而拐弯。目前已在雅鲁藏布江大峡谷中发现多处来自地壳深处的基性、超基性岩体，证明板块缝合线构造的确存在。

地质资料显示，雅鲁藏布江大峡谷内侧的南迦巴瓦峰裸露的中深度变质岩系，经铷锶等时线法测定，其绝对年龄值为7.49亿年，这是迄今为止所测得的我国喜马拉雅山一侧地层的最老年龄值，相当于前寒武纪，与古老的印度台地地质年龄值相仿，它表明地质上这里是古印度板块北伸的一部分。

雅鲁藏布江大峡谷两侧，高耸着南迦巴瓦峰（海拔约7782米）和加拉白垒峰（海拔约7234米），其山峰皆为强烈的上升断块，巍峨挺拔，直入云端。峰岭上冰川悬垂，云雾缭绕，气象万千。从空中或从西兴拉等山口鸟瞰雅鲁藏布江大峡谷，在东喜马拉雅山无数雪峰和碧绿的群山之中，雅鲁藏布江硬是切出一条陡峭的峡谷，穿越高山屏障，围绕南迦巴瓦峰形成奇特的大拐弯，南泻注入印度洋，其壮丽奇特无与伦比。在南迦巴瓦峰与加拉白垒峰间的雅鲁藏布江大峡谷最深处达5382米，围绕南迦巴瓦峰核心河段，平均深度也约有5000米，其深度远远超过深2000多米的科罗拉多大峡谷、深3200米的科尔卡大峡谷和深4403米的喀利根德格大峡谷。

雅鲁藏布江大峡谷林木茂盛。由于地势险峻、交通不便、人烟稀少，而且许多河段根本没有人烟，加上雅鲁藏布江大峡谷云遮雾罩、神秘莫测，所以环境特别幽静。雅鲁藏布江大峡谷以连续的峡谷绕过南迦巴瓦峰，长达496.3千米，比号称世界"最长"的大峡谷——科罗拉多大峡谷还长56千米。雅鲁藏布江大峡谷中许多河段两岸岩石壁立，根本无法通行，所以至今还无人能全程徒步穿越峡谷。

整个雅鲁藏布江大峡谷的自然景观可以用"雅鲁藏布江大峡谷秀甲天下"概括。谓其秀甲天下，主要是指无论在秀的广度、深度和力度上都独领风骚。雅鲁藏布江大峡谷的秀还有其深远和雄伟的内涵。例如雅鲁藏布江大峡谷之水，从固态的万年冰雪到沸腾的温泉，从涓涓溪流、帘帘飞瀑直至滔滔江水，固态、液态、气态变幻无穷。而从力度来看，加拉白垒峰数百米的飞瀑每秒16米的流速、每秒4425立方米的流量，甚为壮观。再如雅鲁藏布江大峡谷之间，从遍布热带季风雨的低山一直到高入云天的皑皑雪山无一不秀；茫茫的林海及耸入云端的雪峰给人的感受更如神来之笔。

漫长的地貌变化

雅鲁藏布江大峡谷不仅地貌景观异常奇特,而且还具有独特的水汽通道作用。在这条水汽通道上,年降水量为 500 毫米的等值线可达北纬 32 度附近。而在这条水汽通道西侧,500 毫米降水量等值线的最北端仅为北纬 27 度左右,两者相差 5 个纬度的距离。这就意味着,由于这条水汽通道的作用,可以把等值的降水带向北推进 5 个纬度的距离之多。水汽通道还使雅鲁藏布江大峡谷地区的雨季提早到来。一般来说,喜马拉雅山脉北侧的雨季在 6 月末到 7 月初开始,而沿这条水汽通道,雨季都在 5 月或 5 月之前开始,比通道两侧提早 1～2 个月。

虎跳峡

虎跳峡位于云南省香格里拉县。源自青海格拉丹东雪山的金沙江江水被玉龙雪山、哈巴雪山所挟持,劈出了一个世界上最深、最窄、最险的大峡谷——虎跳峡。虎跳峡长 18 千米,落差 200 米左右,分上虎跳、中虎跳、下虎跳三段,共 18 处险滩。虎跳峡是世界著名的大峡谷,以奇、险、雄、壮著称于世,两岸峭壁连天,像一扇敞开的巨型石门。

上虎跳,是整个虎跳峡中最窄的一段。沿虎跳峡而行,越接近上虎跳峡谷越窄,江水的轰鸣声也越大。江面从 100 多米宽一下子收缩到 30 余米,顺畅的江面顿时变得拥挤不堪,江水冲击在江心如犬牙般参差的礁石上,

虎跳峡

卷起数米高的巨浪。江心中有一个13米高的巨石——虎跳石，如砥柱般直卧中流，把激流劈为两股。江水猛烈冲击巨石，激起排空浪花。雨季时，江水浑浊如黄河水，水量巨大，虎跳石就会被完全淹没在波涛汹涌的江水之中。

从上虎跳至中虎跳，江水落差近100米，暗礁密布，石乱水急，江水狂奔怒放，犹如一条狂暴翻腾的怒龙。从哈巴雪山的山坡上泻下汇集的雨水，形成一道道携泥裹沙的小瀑布，一直汇入金沙江。中虎跳在雨季时有塌方的危险，巨石横亘，有的地段甚至塌下了半个山头；山坡上常有碎石滚落，并带起腾腾烟尘，直坠江中。

基础小知识

礁 石

礁石为江河海洋中距水面很近的岩石。礁石可由生物礁体组成，也可由火山岩体或大陆岩体延伸于水下所组成，因其距水面很近，对渔业及航行都十分不利。礁石上面也经常长满了海蛎和贝壳，若礁石的规模很大，则称岛屿。

中虎跳最有特点的景致是满天星和一线天。江水在这段峡谷中下跌了近百米，险滩上乱礁散布，激流在礁石间反复跳跃，如星石陨落江中，当地人称之为满天星。穿行于中虎跳腹地，两侧雪山都是最高的主峰段，在这里回望两头峡口，可见高峰深谷随江流弯曲把蓝天切成一线，令人有一种走至天边的感觉，这就是一线天。中虎跳之壮观比上虎跳有过之而无不及，江水滚滚而至，浊浪滔天，水花翻飞，雾气迷蒙，气势如金戈铁马，急泻如万兽狂奔。

下虎跳地势宽阔，近可看峡，远可观山。驻足于此，回眺玉龙雪山、哈巴雪山，只见峰巅皑皑白雪，堆银砌玉。下虎跳以"江水扑崖，倒流急转"为特色，有倒角滩、下虎跳石等大滩，其中倒角滩长约2.5千米，落差35米，大小跌水20余处，峡谷多呈"之"字形急转弯，使江水直扑岸壁，掀起惊涛骇浪，倒流回来又急转直下，如脱缰野马狂哮远去。

下虎跳不远的崎岖山路上有一片平直、光滑的方形石板，这便是虎跳峡有名的险路"滑石板"。该石板宽约300余米，呈85度角从峡底伸到哈巴雪山山腰，石面平整光滑，寸草不生，行人稍一失足，即会滑到江心，过去人们视此路为鬼门关。

东非大裂谷

东非大裂谷是世界大陆上最大的断裂带，从卫星照片上看去犹如一道巨大的伤疤。当乘飞机越过浩翰的印度洋，进入东非大陆的赤道上空时，从机窗向下俯视，地面上有一条硕大无比的"刀痕"呈现在眼前，顿时让人产生一种惊异而神奇的感觉，这就是著名的东非大裂谷，亦称"东非大峡谷"。

由于这条大裂谷在地理上实际已经超过东非的范围，一直延伸到死海地区，因此也有人将其称为"非洲-阿拉伯裂谷系统"。

那么，这条"刀痕"是怎样形成的呢？在1000多万年前，地壳的断裂作用形成了这一巨大的陷落带。板块构造学说认为，这里是陆块分离的地方，即非洲东部正好处于地幔物质上升流动强烈的地带。在上升流作用下，东非地壳抬升形成高原，上升流向两侧相反方向的分散作用使地壳脆弱部分张裂、断陷而成为裂谷带。张裂的平均速度为每年2~4厘米，这一作用至今一直持续不断地进行着，裂谷带仍在不断地向两侧扩展着。有关地理学家甚至预言，未来非洲大陆将沿裂谷断裂成两个大陆板块。

知识小链接

地 幔

地壳下面是地球的中间层，叫作地幔，厚度约2865千米，主要由致密的造岩物质构成，这是地球内部体积最大、质量最大的一层。地幔又可分成上地幔和下地幔两层。上地幔顶部存在一个地震波传播速度减慢的层（古登堡低速层），一般又称为软流层，推测是由于放射性元素大量集中，蜕变放热，使岩石高温软化，并局部熔融造成的，很可能是岩浆的发源地。

东非大裂谷底部是一片开阔的原野，20多个狭长的湖泊，有如一串串晶莹的蓝宝石，散落在谷地。东非大裂谷中部的纳瓦沙湖和纳库鲁湖是鸟类等动物的栖息之地，也是重要的游览区和野生动物保护区，其中的纳瓦沙湖湖面海拔1900米，是东非大裂谷内最高的湖。

东非大裂谷还是一座巨型天然蓄水池，非洲大部分湖泊都集中在这里，大大小小30多个，例如阿贝湖、沙拉湖、图尔卡纳湖、马加迪湖、维多利亚湖、基奥加湖等，属陆地局部凹陷而成的湖泊，湖水较浅。这些湖泊呈长条状展开，顺裂谷带连成串珠状，成为东非高原上的一大美景。

东非大裂谷谷底风光

这些裂谷带的湖泊，水色湛蓝，辽阔浩荡，千变万化，不仅是旅游观光的胜地，而且湖区水量丰富，湖滨土地肥沃，植被茂盛，野生动物众多，大象、河马、非洲狮、犀牛、羚羊、狐狼、红鹤、秃鹫等都在这里栖息。坦桑尼亚、肯尼亚等国政府，已将这些地方开辟为野生动物园或者野生动物自然保护区，比如，位于肯尼亚裂谷省省会纳库鲁近郊的纳库鲁湖，是一个鸟类资源丰富的湖泊，共有鸟类400多种，是肯尼亚重点保护的国家公园。在众多的鸟类之中，有一种鸟名叫火烈鸟，被称为世界上最漂亮的鸟，一般情况下，有5万多只火烈鸟聚集在

拓展阅读

犀 牛

犀牛是哺乳类犀科的总称，主要分布于非洲和东南亚。犀牛是最大的奇蹄目动物，体型庞大，是仅次于大象体型的陆地动物。犀牛具有脚短身肥，皮厚毛少，眼睛小，角长在鼻子上等特点。

湖区，最多时可达到15万多只。当成千上万只鸟儿在湖面上飞翔或者在湖畔栖息时，远远望去，一片红霞，十分好看。

　　有许多人在没有看见东非大裂谷之前，凭他们的想象认为，那里一定是一条狭长、黑暗、阴森、恐怖的深涧，其间荒草丛生，怪石嶙峋，荒无人烟。其实，当你来到东非大裂谷，展现在眼前的完全是另外一番景象：远处，茂密的原始森林覆盖着连绵的群峰，山坡上长满了盛开着紫红色、淡黄色花朵的仙人掌、仙人球；近处，草原广袤，翠绿的灌木丛散落其间，野草青青，花香阵阵，草原深处的几处湖水波光闪闪，山水之间，白云飘荡。东非大裂谷底部，平平整整，牧草丰美，林木葱茏，生机盎然。

布莱斯峡谷

　　布莱斯峡谷位于美国犹他州西南部，与锡安山国家公园同属科罗拉多高原的一部分，但两者所呈现的景色却是截然不同。锡安山地区是雄伟壮丽的高山峡谷，而布莱斯却是梦幻的七彩峡谷。1875年，苏格兰裔的布莱斯在布莱斯峡谷谷口开垦农场，后来附近居民就把这个峡谷冠上了他的姓，于是这里就成了布莱斯峡谷。

　　那么，布莱斯峡谷是如何形成的呢？在6000多万年前，现在的布莱斯峡谷地区为温暖的内陆海，沉积物逐渐堆积在海床；后来水消失了，原本的海床变成陆地，再经过长久的侵蚀风化，就形成各式造型诡异的岩石柱、岩石锥。

布莱斯峡谷风光

　　虽然在美国其他地区也有这样的地形，但只有这里数量最多、范围最广又最密集。当地人说，远古时期这里居住着一群可幻化为人形的邪恶动物，最后被土狼所制服，变成了一个个石柱，造就成如今布莱斯峡谷里怪石嶙峋的特殊奇景，这当然只是神话传说。由于布莱斯峡谷的沉积岩层含有大量的金属元素，丰富的含铁质岩层经过长时间暴露于空气中，氧化作用后呈现程度不一的红色调；含锰的岩层则呈现深浅不同的紫色调，再配合上一整天阳光照射角度的变化，岩石色彩随时变幻，特别在黎明及夕阳时分，更是呈现出瑰丽夺目的奇幻景致。

1928年，布莱斯峡谷被开辟为国家公园。布莱斯峡谷国家公园有14条深达300米的山谷，谷中形象诡异的岩石有的如长矛、寺庙、鱼鳖、野兽，有的像教堂尖塔，有的像城堡雉堞。有一组形体挺拔的怪石被起名为"维多利亚女王召开御前会议"，排列成弧形的尊尊岩石似王公大臣、贵妇淑女环侍左右，其中红岩石塔更为犹他州所有岩景之冠。登高远望，可以看见道道帷幕、层层城堡、行行剑戟、重重石林，神奇天成。该公园里还倒立着大大小小的锤形岩石，看上去头重脚轻，却巍然屹立，令人叫绝。在这些鲜红如血的悬崖峭壁间，往往还会发现恐龙和爬虫时代的其他化石。矮树林、白杨、枫树、桦木等点缀在这里的山岩之间。在阴森的布莱斯峡谷中，也会看到道格拉斯云杉，一枝独秀，冲出石壁，沐浴在阳光之中，把这里衬托得更加绮丽。该公园保留了独特的地貌特征，反映了北美大陆形成时期的地理运动情况。

广角镜

白杨的生态习性

白杨是强阳性树种，喜温凉、湿润气候。在早春昼夜温差较大的地方，白杨树皮常被冻裂，俗称"破肚子病"。在暖热多雨气候下，白杨易受病虫危害，生长不良。白杨对土壤要求不严，在深厚肥沃、湿润壤土或沙壤土上生长很快；在干旱瘠薄、低洼积水的盐碱地及沙荒地上生长不良，病虫害严重。白杨是杨属中寿命最长的树种，可长达200年。

漫长的地貌变化

道格拉斯云杉是一种独特的树种，通常称其为黄杉。这种树还有其他一些俗称，如俄勒冈松、美国黄杉、西黄松、北美黄杉和道格拉斯树。尽管黄杉有各种不同的名称，其储量占北美针叶林总储量的1/5。在美国西部的商业林地中，黄杉的主要自然林地大约有14万平方千米。这些林地得到当地政府和州法律在木材采伐、林地作业管理、重新造林要求等诸方面的严格管理，有力地保护了林地内的动物栖息地及水域、土壤和生物的多样化。美国西部落叶松与黄杉混杂生长。这两种树种在外观和特征上很相似。美国亚利桑那州、科罗拉多州、内华达州、新墨西哥州和犹他州也生产少量的黄杉木材。

知识小链接

西黄松

西黄松是一种乔木，在原产地高达70米，胸径3米，一年生枝为橙黄色，老枝近黑色；冬芽常常具有树脂，长1.5厘米左右。针叶通常3针束或2、3针并存，5针一束的比较稀有，暗绿色，长12~28厘米，径1.5毫米左右；横切面皮下细胞为多层型不连续排列，树脂道5~6个。西黄松为球果，卵圆形，几乎无柄，成熟时开裂，长8~18厘米，直径6~11厘米；鳞盾红褐色或淡红褐色，有光泽，沿横脊隆起，鳞脐有向后弯的粗刺。西黄松种子长6~10毫米，紫褐色，常常具有斑点。

死 谷

死谷是一条贯穿美国加利福尼亚州东南部的沙漠槽沟，是北美洲最低、最干燥、最炎热的地区，长225千米，宽8~24千米。阿马戈萨河从南部流入，这里最低处低于海平面86米。以前死谷是拓荒移民的一大障碍，因而得名"死谷"。

死谷形成在300多万年前，是由于地球重力将地壳压碎成巨大的岩块所致,当时部分岩块突起成山,部分倾斜成谷。直至冰河时代,排山倒海的湖水灌入较低的地势,淹没了整个谷底,又经过几百万年火焰般的日晒,这个太古世纪遗留下来的大盐湖终于干涸而尽。如今展露在大自然中的死谷,只是一层层泥浆与岩盐层的堆积。

死谷的最低点在海平面下86米,是北美洲最低处。这条深沟

生活在死谷里的美洲狮

位于内华达山脉雨影区,由于沟底低陷,加上周围的一些屏障,这个本来就很干旱炎热的地区成了阳光的焦点。但以前这儿的气候比现在湿润得多。证据俯拾皆是:死谷两侧的沟壑是由洪流冲刷而成;冲积扇是从周围山峰上冲刷下来的沉积物;沉淀在谷底的盐分是原来湖水蒸发后留下的;在魔鬼高尔夫球场的盐块则饱经风雨侵蚀,因而形成嶙峋的尖峰。

趣味点击 美洲狮

美洲狮,又称美洲金猫,大小和花豹相仿,但外观上没有花纹且头骨较小。雄性美洲狮体重可达90千克,在跳跃方面有着惊人的能力,能跳到7米以外。美洲狮是一种凶猛的食肉猛兽,主要以野生动物兔、羊、鹿为食,在饥饿时也会盗食家畜和家禽。如果美洲狮捕捉的猎物比较多,它们就会把剩余的食物藏在树上,等以后回来再吃。

而现在,死谷的自然条件极其恶劣。死谷降水量十分稀少,平均年降水量仅为42毫米,最多的年份也只有114毫米。死谷底部有干涸的阿马戈萨河床,沙丘遍地,乱石嶙峋。死谷中央是一片约155平方千米的沙丘群,是谷底最荒凉的地方。尽管环境恶劣,死谷却绝非毫无生机。死谷内植物很少,仅在一些沼泽的边缘有一些耐盐碱的盐渍草、灯芯草等,其中有一种开白花的岩

漫长的地貌变化

生稀有植物,茎叶长满茸毛,能抵挡干燥的风。人迹罕至的特殊环境对动物来说却是难得的繁衍之地。美洲狮、野山羊、大袋鼠、狐狸、眼镜蛇等26种动物在这里栖息,另有14种鸟类在山上筑巢。大角羊仅靠一点点水就能生存;响尾蛇能够"跳跃"式前进,以避免身体接触炽热的地面。

死谷腹地虽然荒凉,其周围景色却别具一格。死一般的沉寂,鬼斧神工的自然奇观使它仍不失为"美国一景"。内华达山脉东麓与死谷融汇处沟壑纵横、怪石林立,月色朦胧中更显得阴森恐怖。死谷边缘,山峰林立,而这些山峰的自然风貌又各不相同,白天在阳光照射下五光十色,非常美丽。这里成为死谷地区最能吸引游人的地方,被人们称为"画家的调色盘"。死谷因它那独特的奇景于1933年被美国辟为国家风景区,并建立了死谷国家公园,成为人们冬季避寒的休养地。

死谷中的自然奇观很多,最吸引人的地方要算"会走路的石头"。这些石头竖立在龟裂的干盐湖地面上。干盐湖长达5000米,名为"跑道"。石头大小不一,外观平凡,奇怪的是这些石头在地面上拖着长长的凹痕,有的笔直,有的弯曲或呈"之"字形。这些痕迹看来是石头在干盐湖地面上自行移动造成的,有些长达数百米。石头怎么会移动呢?有人说是超自然力量在作怪,有人说与不明飞行物体有关,有人则认为是自然现象。

一位加州理工学院的地质学教授经过7年研究,发现石头移动是风雨的作用:石头移动方向与盛行风方向一致,这是有力的佐证。干盐湖每年平均降雨量很少超过50毫米,但是即使微量的雨水也会形成潮湿的薄膜,使坚硬的黏土变得滑溜。这时,只要附近山间吹来一阵强风,就足以使石头沿着湿滑的泥面滑动,

"会走路的石头"

速度可高达每秒 1 米。这些"会走路的石头"使"跑道"成为旅游胜地。

科罗拉多大峡谷

　　世界闻名的科罗拉多大峡谷位于美国亚利桑那州科罗拉多高原上，为世界七大自然奇观之一。科罗拉多大峡谷的平均深度超过 1500 米，大峡谷分割了科罗拉多河，是世界上最壮观的峡谷之一。

　　科罗拉多大峡谷的壮观景色举世无双。科罗拉多大峡谷大体呈东西走向，东起科罗拉多河汇入处，西到内华达州州界附近的格兰德瓦什崖附近，形状极不规则，蜿蜒曲折，迂回盘旋。科罗拉多大峡谷顶宽在 6000 ~ 30 000 米，往下收缩成"V"形，两岸北高南低，最大谷深 1500 多米，谷底水面宽度不足千米，最窄处仅 120 米。科罗拉多大峡谷的南、北两岸因中间有水相隔，气候差异很大。科罗拉多大峡谷南岸的大部分地区海拔 1800 ~ 2000 米，而北岸比南岸高 400 ~ 600 米。科罗拉多大峡谷南岸年平均降水量仅为 382 毫米，北岸则高达 685 毫米左右。

科罗拉多大峡谷风光

　　科罗拉多大峡谷栖息着约 70 种哺乳动物、40 种两栖和爬行动物、230 种鸟类，如珍稀的白头鹰、美洲隼、大蜥蜴等，这里还有世界上绝无仅有的凯巴布松鼠、玫瑰色响尾蛇。上千种植物分布在科罗拉多大峡谷上下，呈现明显的垂直分布。从科罗拉多大峡谷谷底的亚热带仙人掌、半荒漠灌木，向上依次更替为温带和亚寒带的桧树、橡树、松树、云杉和冷杉林。由于科罗拉多大峡谷河谷地层在结构、硬度上的差异，千百年河水的冲刷，在长长

漫长的地貌变化

的峡谷间，谷壁地层断面节理清晰，层层叠叠，就像万卷诗书构成的图案，循谷延伸。

科罗拉多大峡谷被列入《世界自然遗产名录》的最重要原因在于其地质学意义：保存完好并充分暴露的岩层，从谷底向上整齐地排列着北美大陆从元古代到新生代不同地质时期的岩石，并含有丰富的具有代表性的生物化石，俨然是一部"地质史教科书"，记录了北美大陆的沧桑巨变和生物演化进程。

根据地质学家的研究，造就出科罗拉多大峡谷景观如此惊心动魄的主要原因基本上是沉积、抬升和侵蚀三种地质过程，经过亿万年的交替作用而成的。从古生代早期的寒武纪至3.6亿年前的泥盆纪时期，这一地区处于长期的稳定状态。当时此地位于大陆板块边缘的凹陷部分，上面覆着一层浅海，从陆地流下的冲积物在此沉淀。此后，或大规模或小规模的抬升和沉积作用交替进行，直至6500万年前，急剧加速的造山运动开始，并持续了数百万年之久。这里整个地区从此被抬升至海平面上，形成了今天的科罗拉多高原。到了新生代中期，约2000万年前，地壳板块运动又再度活跃，高原被抬升得更高，河流侵蚀力量相对加剧，切割高原并塑造了各式各样的地形景观，渐渐形成了今日科罗拉多大峡谷的雏形。

基础小知识

云 杉

云杉属于针叶树的一类，通常有线条分明的年轮，与季节性山地气候保持一致。云杉可高达45米，胸径可达1米，树皮为灰褐色，冬芽圆锥形，有树脂，种子为卵圆形。我国的华北山地云杉分布十分广泛，东北的小兴安岭等地也有分布。云杉在我国有17种9个变种。

科罗拉多大峡谷的岩石包括砂岩、页岩、石灰岩、板岩和火山岩。自科罗拉多大峡谷谷底向上，从几十亿年前的古老花岗岩、片麻岩到近期各个地质时代的岩层（最年轻的火山喷出岩形成时间仅1000年），都清晰地以水平层次露出在外面。这些岩石质地不一，各岩层不仅硬度不同，且色彩各异，

峡谷和岩洞　SEARCH

颜色随着一年中不同季节里植被、气候条件的变化而变化。甚至在同一天里，科罗拉多大峡谷的岩石也会因时间的不同而呈现出不同的景色：黎明初升的太阳使远方的岩壁闪耀着金银色的光彩，而日落时晚霞把裸露的岩层映衬得像火焰一般。傍晚从科罗拉多大峡谷南岸望去，夕阳把科罗拉多大峡谷染成了橘红色，岩石在阳光照耀下变幻莫测；在月光下，两侧岩壁呈白色，在靛蓝色阴影的衬托下，十分醒目。所有这些，确实构成了一幅雄伟壮观的自然画卷。由于科罗拉多高原气候干燥，化学作用极为微弱，故岩石的原始色泽得以保持完好。

卡尔斯巴德洞窟

卡尔斯巴德洞窟位于美国佩科斯河西岸，新墨西哥州东南部的森林内，是由目前被发现的81个洞窟组成的喀斯特地形网。它体积庞大，变化多端，还包含了许多的矿物质，面积约189平方千米。它是一处神奇的洞窟世界，是迄今探查到的最深的洞窟——位于地表以下305米。卡尔斯巴德洞窟中最大的一处溶洞比14个足球场面积的总和还大，整个洞窟群长达近百千米，是世界上最长的洞窟群之一。

卡尔斯巴德洞窟国家公园内的81个洞窟中以龙舌兰洞窟最特别，它构成了一个地下的"实验室"，在这里可以研究地质变迁的真实过程。沿卡尔斯巴德洞窟中一系列"之"字形的线路从

卡尔斯巴德洞窟

主走廊下降253米，可到达第一个，也是最深的一个洞窟，名为"绿湖厅"，

漫长的地貌变化

因其位于洞窟中央的绿色的水潭而得名。该洞窟布满了精美的钟乳石，还包括一处令人难忘的小瀑布，它与钟乳石相连形成一个圆柱，被贴切地称为"蒙上面纱的雕像"。

拓展阅读

钟乳石

钟乳石是指碳酸盐岩地区洞穴内在漫长地质历史中和特定地质条件下形成的石钟乳、石笋、石柱等不同形态碳酸钙沉淀物的总称，钟乳石的形成往往需要上万年或几十万年时间。由于形成时间漫长，钟乳石对远古地质考察有着重要的研究价值。

"皇后厅"设有奇异的帷幕，那里的钟乳石相拥而长，形成一道光线能照透的石幕。"太阳寺"的滴水岩造型由黄色、粉色、蓝色等有着柔和色彩的钟乳石组成。"忸怩的大象"看起来像一头大象的背部到尾部。著名的"老人岩"是一个巨大的钟乳石笋，孤独、雄伟地站立在黑暗的洞窟中。"巨人行"中三个巨大的穹形石笋在站岗放哨，而"王宫"的天花板上则有着一排炫目的钟乳石。

卡尔斯巴德洞窟的另一壮观景象是栖息在卡尔斯巴德洞窟里上百万只的蝙蝠。黄昏的时候，上百万只蝙蝠从其白天的栖息地——阴冷黑暗的洞窟中振翼飞出，在黑暗中捕食昆虫，挡住了整个卡尔斯巴德洞窟的洞口。在卡尔斯巴德洞窟的洞口还有许多小型哺乳动物、沙漠爬虫和栖息在矮树丛中的鸟类，如花金鼠、浣熊、各种蜥蜴以及兀鹰和鹫。

浣 熊

过去，人们认为卡尔斯巴德洞窟这个由石灰岩组成的洞窟，是由碳酸盐岩石经历雨水冲刷之后，一点一滴地被侵蚀出来的。事实上，按照水溶碳酸盐岩石的方式形成的大多数溶洞都有地下水流，这样才能带走溶于水的石灰石。可是，卡尔斯巴德洞窟不存在地下的水流。后来，地质学家发现，卡尔斯巴德洞窟不是雨水溶开碳酸盐岩石后，再渗到石灰岩上产生侵蚀作用所形成的，而是该洞窟里的岩石出现了"冒气泡"现象而形成的。经过考察，卡尔斯巴德洞窟的形成涉及生物学现象。原来在卡尔斯巴德地区，以小片石油层为食的单细胞微生物才是真正的洞窟雕刻家。生物学家认为，石油中的含碳化合物被微生物吃掉，然后产生了硫化氢气体。这种致命的硫化氢气体通过岩缝跑出来，直至与水和氧气结合，生成硫酸，这才溶解出若干个体育馆那么大体积的石灰岩洞窟。经证实，在卡尔斯巴德洞窟的勒楚吉拉洞窟，有着大块石膏石，就是硫酸生成后，再经过化学反应留下来的副产品。当然，这个洞窟在三四百万年前形成，现在不会有化学副产品的危害了。

知识小链接

硫化氢

　　硫化氢是硫的氢化物中最简单的一种，其分子的几何形状和水分子相似，为弯曲形，因此它是一个极性分子。硫化氢由于H-S键能较弱，所以在300℃左右硫化氢会分解。常温时硫化氢是一种无色有臭鸡蛋气味的剧毒气体，人们应在通风处进行使用，并且必须采取防护措施。

漫长的地貌变化

岛屿和海湾

全球岛屿总数达 5 万个以上，总面积约为 997 万平方千米，大小几乎和我国面积相当，约占全球陆地总面积的 1/15。从地理分布情况来看，世界七大洲都有岛屿，可见地球上的岛屿之多，最著名的有博拉-博拉岛、阿卡迪亚岛等。

除了岛屿，本章还要向您介绍下龙湾、沙克湾、巴芬湾等众多海湾，一定会让您在岛屿和海湾的世界里大开眼界，流连忘返。

漫长的地貌变化

下龙湾

越南下龙湾位于河内东部，占地 1553 平方千米，以景色瑰丽、秀美而著称。大大小小的岛屿错落有致地分布在下龙湾内，堪称奇观。"下龙"这个名字照字面意思来讲，是指蜿蜒入海的龙。传说这里的人们曾饱受侵略之苦，龙为了拯救他们，曾在天空现形，那些岛屿就是龙用来打击侵略者，从口中吐出的宝石化成的。下龙湾分为 3 个小湾，在碧波万顷的海面上，尖峰耸峙，形状奇特。

下龙湾

据科学工作者考证，下龙湾是原欧亚大陆的一部分下沉到海中形成的自然奇观。下龙湾以景色瑰丽、秀美而著称。大大小小的岛屿错落有致地分布在 1553 平方千米的海湾内，有的一山独立、一柱擎天；有的两山相靠、一水中分；有的峰峦叠嶂、峥嵘奇特，堪称奇观。由于下龙湾中的小岛都是由石灰岩构成的小山峰，且造型各异，景色优美，与桂林山水有异曲同工之处，因此其景色酷似广西的桂林山水，所以世人又称之为"海上桂林"。

下龙湾共有多少个岛？多少座山？至今没有精确的统计数据。据说共有 2000 多座，仅人们根据不同形状、特征命名的山和岛就有 1000 多座，像一根粗大的筷子直插海里的，是筷子山；像一个大鼎漂浮在海面的，是香鼎山；斗鸡山则是两山对峙，像一对争斗的雄鸡；马鞍岛则像一匹灰色的骏马，踏着海浪奔腾向前。人们在下龙湾可以欣赏到艇在水上走，人在画中行，水绕山环的美景。有时，苍翠的群山拥着一汪凝碧的绿水，让人们仿佛置身于幽静的高峡平湖之中；粼粼波光中倒映着座座青山，山情水趣，织出了无穷无尽的诗情画意，把人们引进又一个新的奇妙的境地。

从拜寨码头乘船南行8000米，有一座岛像一匹骏马，史书上称其为万景岛。万景岛上最高峰海拔189米，半山腰有个洞叫木头洞，涨潮的时候人们可以登上万景岛，沿着90级石阶到达木头洞洞口。木头洞分为三洞，外洞可以容纳三四千人；第二洞石笋丛生，形成各种人物、鸟兽造型；在第三洞里，还有四个圆圆的石井，终年积满清冽的淡水。在下龙湾，万景岛以西3000米，有个巡洲岛。这是下龙湾唯一的土岛。

中门洞是下龙湾一个著名的山洞，也分为形状、规模各不相同的三个洞。外洞像一间高大宽敞的大厅，可以容纳数千人。外洞洞底平坦，洞口与海面相接，涨潮时，小游艇可以一直开进洞口。从外洞通向中洞的拱形洞口，只能容一人通过，旁边立着一块灰白色的大石头，像一头大象守卫着洞门。中洞长8米、宽

中门洞

5米、高4米，洞里像是一个精美的艺术馆，透过拱形洞口射进来的暗淡光线，照得一座座钟乳石闪现出绮丽的光彩。再通过一个螺口形的洞口，就进入长方形的内洞。这里长约60米，宽约20米，四周钟乳石错落有致，又自然地形成许多小洞及生动的造型。

如此多彩的景色是如何形成的呢？下龙湾原是一片喀斯特峰林平原。下龙湾喀斯特地貌主要发育在3.7亿～3.9亿年前的晚古生代石灰岩中。在高温多雨的气候环境下，水对石灰岩产生强烈溶蚀作用，逐渐发育成山坡陡峻的喀斯特小山。在渗入石灰岩的地下水作用下，形成了各种规模的地下河系统。地下水位的下降或地壳的上升使原来充满地下水的地下洞河，逐渐变成了干

洞。特别是从非石灰岩地区流来的地表水，对石灰岩进行强烈的溶蚀作用，不断使石山坡后退并使一些低矮石山逐渐被蚀平，而那些较大的石山屹立在平原之上，没有被破坏的洞穴依旧保存在小山中。在3000~5000年前全球性海面上升，使这片峰林平原逐渐被海水淹没，变成了今天下龙湾的样子。

扎沃多夫斯基岛

扎沃多夫斯基岛是南桑威奇群岛的一个小岛。南桑威奇群岛是大自然独一无二的作品。火山喷发将岛屿浇铸成型，惊涛骇浪将它们锤炼打磨。只有海鸟和海豹能在这里找到庇护所。1775年，库克船长寻找传说中的南部大陆时发现了这片群岛。面对"浓雾、暴雪、严寒和能让航行陷入危难的一切"，他很快厌倦了这里，毫不遗憾地把南桑威奇群岛永远抛在了身后。

企鹅

不过，近些年来，南桑威奇群岛却因"浓雾、暴雪、严寒"以及成群的海鸟而闻名于世。南桑威奇群岛中最著名的就是扎沃多夫斯基岛了。扎沃多夫斯基岛宽不到6千米，东面距南极半岛北端1800千米。这里是南大西洋上的一个偏远宁静的小岛，每年有几个月，一群群企鹅蜂拥来到岛上，喧闹声震耳欲聋。企鹅是南极动物中的"绅士"，大多分布在南极半岛北部及其周围群岛附近。虽然它们在陆地上行动笨拙，但在水中却灵活自如。生活在扎沃多夫斯基岛上的企鹅主要为纹颊企鹅。

扎沃多夫斯基岛是世界上最大的企鹅栖息地。它们来这里是有理由的。这是一座活火山，火山口喷发出来的热量使冰雪无法在山坡上堆积，于是这些企鹅产卵的时间也比那些生活在遥远南方的企鹅产卵的时间要早一些。这些企鹅可以把卵产在光秃秃的地面上，所以它们都愿意顶着惊涛骇浪来到这里就没什么奇怪的了。

企鹅是适应潜水生活的鸟类：企鹅的身体结构为适应潜水生活而发生很大改变，其翅膀退化成潜水时极有用的鳍状翅。企鹅的骨骼也不像其他鸟类的骨骼那样轻，而是沉重的。同其他飞翔能力退化的鸟类不同，企鹅胸骨发达而且有龙骨突起。相应的企鹅的胸肌很发达，它们的鳍状翅因而可以很有力地划水。企鹅的体形是完美的流线型，跟海豚非常相似。它们的后肢只有三个脚趾发达，"大拇指"退化，趾间生有适于划水的蹼，游泳时，企鹅的脚是当作舵使用的。企鹅的羽毛跟其他鸟类不同，羽轴偏宽，羽片狭窄，羽毛均匀而致密地着生在体表，如同鳞片一样。这样的身体结构，使企鹅潜水游泳时划一次水便能游得很远，耗费的能量很少，效率自然很高。

据科学家们观察，企鹅的游泳速度可以达到每小时10～15千米，在水下可以潜游半分钟再换气。它们还常常在水中跳跃，因此很多人把企鹅说成是"在水中飞行的鸟"。企鹅在逃避天敌时，常常跳出水面，每次跳出水面可在空中"滑翔"一米多。有时它们会跳上浮冰躲避天敌。据化石资料记载，企鹅在始新世时（距今大约5000千万年前）种类繁多：当时，全球气候温暖，南极洲有茂密的森林，动物资源十分丰富。随着气候逐渐变冷，企鹅的种类渐渐变少，有的已经绝迹。

世界上的企鹅有20多种，大都分布在南半球的亚南极地带，一年中多数时间生活在岛礁、海滩或海冰处。而生活在南极的企鹅有7种，帝企鹅、王企鹅、阿德利企鹅、巴布亚企鹅、帽带企鹅、皇企鹅、喜石企鹅。南极企鹅

你知道吗

活火山

活火山是指正在喷发和预期可能再次喷发的火山。那些休眠火山，即使是活的但不是现在就要喷发，而在将来可能再次喷发的火山也可称为活火山。一般来说，只有活火山才会发生喷发。

被誉为南极的象征，真正的"南极土著居民"，它们共同的特征是，温文尔雅，绅士风度十足，"训练"有素，既能直立行走，又能在冰盖上匍匐爬行，喜欢在沿海岛礁岩石上筑巢繁殖，严格一夫一妻制，每年产1~2只蛋。企鹅喜欢群居栖息，少则数百只，多则达10多万只，成为数量可观的大企鹅群。这是生物学家特别感兴趣的研究课题，也是旅游观光的绝妙景点。南极企鹅主要以南极磷虾为食，鱼类和鱿鱼也是其美味佳肴之一，而它又是南大西洋中豹型海豹和虎鲸的主要食物，在南极生物链中占据着重要的一环。

吉罗拉塔湾、波尔图湾和斯康多拉保护区

科西嘉岛位于法国东南方的地中海中，形似一个挑起拇指的拳头；面积8720平方千米，是法国最大的海岛。吉罗拉塔湾、波尔图湾与斯康多拉保护区，位于科西嘉岛的中西部海岸，面积约120平方千米。该保护区内的地质结构比较复杂，已经历过两次明显的火山活动周期，海岸边巨大的斑岩峭壁和玄武岩石柱，鬼斧神工，颇为壮观。该保护区内生长着丰富的植物，栖息着银鸥、冠羽鸬鹚、游隼等多种鸟类。

吉罗拉塔湾、波尔图湾和斯康多拉保护区，面积约120平方千米，其中海上面积42平方千米。该保护区的埃尔沃半岛遍布陡峭的红色岩石，奥萨尼角怪石嶙峋。突入海水中的红色的陡坡，是基罗拉塔湾和波尔图湾的分界线。除此之外，该保护区内都是悬崖峭壁，有的悬崖峭壁高达900米。

吉罗拉塔湾、波尔图湾和斯康多拉保护区

吉罗拉塔湾、波尔图湾和斯康多拉保护区低于海平面560米，位于科西嘉岛的中西部海岸，隶属于奥萨尼、帕尔蒂内洛、皮亚纳和塞里耶尔行政区。该保护区陆地的边界被划定在普里塔穆奇里纳和福尔诺河口之间的沿海地带。这一保护区于1983年被列入《世界遗产名录》。

广角镜

鸬鹚

鸬鹚，也叫水老鸦、鱼鹰，是鹈形目鸬鹚科的一属，有30种。鸬鹚身体比鸭狭长，身体羽毛为黑色，善潜水捕鱼，飞行时直线前进。鸬鹚广泛分布于亚欧大陆及非洲大陆的江河湖海中。人们常见的是江河中的普通鸬鹚。其实，鸬鹚的种类十分丰富。它们虽然都属于鸬鹚，但是相貌和习性各有特色。生活在加拉帕哥斯群岛上的加拉帕哥斯鸬鹚和广泛分布在亚洲和非洲的大鸬鹚都是十分有特色的品种。

该保护区包括钦托山和方戈山谷，是地质结构比较复杂的地区，已经历了两次明显的火山活动周期，地表有许多斑岩、玄武岩柱，经过海潮的严重侵蚀，一些年代久远的变质、变形、变态岩石出现。

吉罗拉塔湾、波尔图湾和斯康多拉保护区属典型的地中海式气候，夏季炎热、干燥，经常遭到强风的袭击。因此，这里的许多缓坡上生长着典型的地中海沿岸所具有的灌木林，沿海地区发现许多地中海所拥有的藻类物种，像红藻这一物种就不是在法国任何地方都有的。

漫步这一地区，人们会看到黑色的鸬鹚、翱翔的海鸥、多须的龙虾等，丰富的物种构成一幅生机勃勃的自然景色。

吉罗拉塔湾、波尔图湾和斯康多拉保护区中有大量的斑岩块、茂密的灌木林植被、丰富的动物物种，是科学探索的好地方。但是这里经过几个世纪海潮的侵蚀，许多斑岩已分解；过分的捕杀，特别是对多须龙虾的过分捕杀，许多动物濒临灭绝；近年来，科西嘉地方自然公园还受到大火的威胁。为了挽救这一大自然赐予地球的美丽风景，这一自然保护区已被严格地保护以恢复它的自然形态，人们采取了许多措施：如加强周边地区的警戒，捕鱼、垂钓、收集海洋生物、倾倒垃圾等有害生态环境的行为被禁止。

博拉－博拉岛

博拉－博拉岛位于南太平洋的社会群岛，是一个充满诗情画意的热带岛屿。这里有炫目的海滩、摇曳多姿的椰林和静谧的蓝色潟湖。人们把这个美丽而浪漫的岛屿称为"太平洋上的明珠"、"距天堂最近的地方"、"梦之岛"。博拉－博拉岛陆地面积38平方千米，由中部主岛和周围一系列小岛组成。第二次世界大战期间这里曾是美国海军、空军基地，是社会群岛最美丽的岛屿之一。

最早来到岛上定居的人是波利尼西亚人，大约在1100年前。1722年，荷兰探险家洛基文发现了这座岛屿，成为到达该岛的第一个欧洲人。英国探险家库克船长于1777年驶入港内停泊。他把此岛称为博拉－博拉岛（寓意新生、诞生）。此岛于1985年成为法属波利尼西亚的一部分。

博拉－博拉岛

300多万年前，博拉－博拉岛从海中升起，成为一座巨大的火山，周围生长着一圈珊瑚。珊瑚虫从热带浅海吸收钙质，生成石灰外壳，逐渐形成珊瑚礁。随着海底板块冷却，火山开始下沉，但珊瑚礁继续成长，形成了岛中心周围的珊瑚环礁和中间的潟湖。随着时间的推移，火山将完全沉没，只留下珊瑚环礁围绕着潟湖。

在社会群岛的背风群岛中央便是出奇宁谧的博拉－博拉岛。在博拉－博拉岛上闪耀着银光的海滩背倚着椰林、青翠的丘陵和耀眼的木槿，再往里是晶莹清澈的潟湖。东来的信风带来阵阵清新的气流，使这一热带地区的气温处在 24~28℃。

基础小知识

珊瑚虫

珊瑚虫是珊瑚纲中多类生物的统称，身体呈圆筒状，有八个或八个以上的触手，触手中央有口，多群居。群体生活的珊瑚虫，它们的骨架连在一起，肠腔也通过小肠系统连在一起，所以这些群体珊瑚虫有许多"口"，却共用一个"胃"。能够建造珊瑚礁的珊瑚虫大约有 500 种，这些造礁珊瑚虫生活在浅海水域，水深 50 米以内，适宜温度为 22~32℃，如果温度低于 18℃ 则不能生存。所以在高纬度海区人们见不到珊瑚。珊瑚虫的触手是对称地生长的，根据触手的数目，可将珊瑚虫分为 6 放珊瑚和 8 放珊瑚两个亚纲。

珊瑚环礁只有一个通航入口，当地人称其为莫图斯，使得这个潟湖成为一个天然的港口。博拉-博拉主岛的面积是直布罗陀的两倍，另外两个小岛图普阿和图普阿伊蒂都是火山口侵蚀形成的。两座峻峭的山峰雄踞博拉-博拉岛上，分别是海拔 660 米的帕希亚山和海拔 725 米的奥特曼努山。奥特曼努山曾经是一座火山，在火山喷发毁去其山顶之前，它曾隆起于海底之上达 5400 米。这座长期熄灭的死火山如今覆盖着茂密的绿色森林。波利尼西亚人早在 1100 多年前就在这个岛上定居，并在此修建了几座庙宇。

大堡礁

大堡礁位于澳大利亚的昆士兰州以东，南回归线与巴布亚湾之间的热带海域。大堡礁南北长约 2000 千米，东西宽 20~240 千米，包括约 3000 个岛礁和沙滩，分布面积共达 34.5 万平方千米，是世界上规模最大、景色最美的活珊瑚礁群，因此也常被誉为"世界第八大奇观"。

大堡礁是澳大利亚东北海岸外一系列珊瑚岛礁的总称。大堡礁生长在中

漫长的地貌变化

新世时期，距今有3000多万年。大堡礁共有大小3000多个珊瑚岛屿，是由一种微小的腔肠动物珊瑚虫长年累月"建筑"起来的，而且面积还在不断扩大。这里的珊瑚虫有350多种。它们体态玲珑，色泽艳丽，但却十分娇弱。大堡礁所处的水域，终年受太平洋的南赤道暖流和东澳大利亚暖流的影响，全年平均水温在20℃以上，加上这一带海域海水浅、含盐度和透明度高，非常适合珊瑚生长。一般的珊瑚最多不过长到80米厚，而这里的珊瑚厚度竟达220米，为世界之最。珊瑚虫具有坚硬的石灰质骨骼，喜欢聚居，繁殖能力很强。后一代在前一代的骨骼上繁殖生长。珊瑚虫有红、白、黄、绿等颜色，残骸每过35～335年就可增高1米，因为珊瑚虫的种类不同，使得珊瑚礁的生长速度也不同。

大堡礁

大堡礁拥有为数众多的岛礁资源。这些岛礁有的露出海面几米或几百米，岛上充满热带风情，绿意盎然，阳光明媚。有的岛礁半隐半现，形态奇异，意境美妙，想象无限。有的岛礁隐在海中，千奇百怪，五颜六色。珊瑚和鱼儿在这里共舞，充满了浪漫的色彩。大堡礁大部分没入水中，低潮时略露礁顶，从空中俯瞰，它宛如一朵朵艳丽的花朵，在碧波万顷的大海上怒放。据统计，大堡礁中露出水面的珊瑚岛有600多个，主要的观光点有鹭岛、费兹莱岛、费沙岛、大凯裴岛、绿岛、汉密顿岛和海曼岛等。

在较大的岛屿中，格林岛、海伦岛和赫伦岛最为著名。格林岛上设有水下观察室，可以观赏到栖息在珊瑚洞穴里的数百种美丽的鱼类以及海螺、海星、海参等稀奇古怪的海洋生物。这里还有能施放毒液的华丽的狮子鱼和形如石头的石头鱼，令人仿佛置身于海底世界。

海伦岛附近的海底布满了美丽的珊瑚礁，岛上树木特别多，远远望去，一片葱茏。海伦岛四周的白色沙滩好像一条裙带，岛上任何地方，都是天然的海水浴场，海底因为全部是珊瑚礁，没有泥土污染，所以海水清澈见底，能看见各种色彩缤纷的鱼类。在海伦岛潜水有很大的乐趣，潜水者不仅可以与各种鱼类为伴，而且可以了解它们的生活习性。除了欣赏鱼类，海伦岛上的林木丛中还有数不清的鸟类，四季常青的灌木吸引着许多候鸟到此避寒。海伦岛还是世界著名的绿色海龟产地，它们与游人相处极为友善。

赫伦岛面积0.17平方千米，是一个奇特的珊瑚岛。从空中俯瞰，它就像一叶小舟，荡漾在湛蓝色的海面上。漫步赫伦岛上，海浪袭来，"岛船"似乎有些摇动，但会使人感到一种乘风破浪向前的激情。海潮退去后，脚踩珊瑚会发出嘎吱嘎吱的声响，让人不得不惊叹大自然奇妙的创造力。走进赫伦岛的中心区域，树木丛生，浓郁苍翠，其中有一种树非常奇特：树高可达几十米，树干很粗，植物组织疏松而又很脆，树心却又像由海绵制成。若是遇上海鸟交配产卵的时节，这里的绿林中更是热闹非凡，鸟伴侣们追逐嬉戏，互诉衷情。许许多多的苍鹭忽儿枝头落身，忽儿沙滩信步，正寻觅着小海龟或昆虫，希望给它们的儿女们带回去丰盛的食物。还有"头戴帽子"的白顶海鸥，这种海鸥似乎有些呆头呆脑，夜晚也常发出沙哑、凄厉的鸣叫，令人感到几分阴森恐怖。但当你目睹它们面对惊涛骇浪泰然自若、轻灵敏捷如闪电的身影时，便会把它们在陆上的愚钝和夜晚的吵闹统统抛于脑后，心中充满敬佩。

知识小链接

海 鸥

海鸥是一种中等体型的鸥，也称鸥鸟，身长38～44厘米，翼展106～125厘米，体重300～500克，腿和嘴为绿黄色，初级飞羽羽尖白色，具大块的白色翼镜。冬季海鸥头及颈有褐色细纹，有时嘴尖有黑色。海鸥身姿健美，惹人喜爱，其身体下部的羽毛就像雪一样晶莹洁白。海鸥是候鸟，分布于欧洲、亚洲至阿拉斯加及北美洲西部。

漫长的地貌变化

弗雷泽岛

弗雷泽岛绵延于澳大利亚昆士兰州东南海岸，长122千米，面积1620平方千米，是世界上最大的沙岛。高大的热带雨林的雄伟残迹就矗立于这片沙土之上。移动的沙丘、彩色的砂石悬崖、生长在沙地上的雨林植物、清澈见底的海湾与绵长的白色海滩，构成了这个岛屿独一无二的景观。1992年，弗雷泽岛作为自然遗产被联合国教科文组织列入《世界自然遗产名录》。

弗雷泽岛

弗雷泽岛是山脉受风雨剥蚀而开始形成的。风把细岩石屑刮到海洋中，又被洋流带向北面，慢慢沉积在海底。冰河时期海面下降，沉积的岩屑露出海面，被风吹成大沙丘。后来海面回升，洋流带来更多的沙子。植物的种子被风和鸟雀带到岛上，并开始在湿润的沙丘上生长。植物死后形成了一层腐殖质，使较大的植物可以扎根生长，沙丘便被固定住了。现在，全岛均是金黄色的沙滩和沙丘，有些地方耸立着红色、黄色

广角镜
鹦鹉的寿命

鹦鹉的品种不同寿命也不同，一般小型鹦鹉类平均寿命7～20年，中型和大型鹦鹉平均寿命为30～60年，一些中型鹦鹉可以活到80岁左右，如葵花凤头鹦鹉、亚马孙鹦鹉、灰鹦鹉等。世界上最长寿的鸟就是一只鹦鹉，它是一只亚马孙鹦鹉，名叫詹米，生于1870年12月3日，死于1975年11月5日，享年105岁，是鸟类中的老寿星。

和棕色的砂岩悬崖。砂岩悬崖被风浪冲刷成锥形和塔形的岩柱。

弗雷泽岛的雨量异常充沛，年降雨量可达 1500 毫米，因此在岛下形成了一个巨大的淡水湖，蓄水量约 2000 万立方米。弗雷泽岛的沙丘之间还有 40 多个淡水湖，其中包含了世界上一半的静止沙丘湖泊，这大大促进了沙丘植物的兴衰循环。布曼津湖，这个世界上最大的静止湖泊就是弗雷泽岛最美丽的地方之一。

弗雷泽岛原名"库雅利"。这里一直美得很超然。1836 年，一场暴风雨使"寻金"号轮船撞上了库雅利岛北部的斯温群暗礁。于是，船长詹姆斯·弗雷泽、妻子爱丽莎·弗雷泽和船员们划着小舟漂流到库雅利。库雅利的土著人抓住了他们。几个月后，只有爱丽莎·弗雷泽逃了出来。她利用这段特殊的经历，以动人的语言，向人们讲述库雅利岛，结果这个世外桃源一样的小岛引得许多渔民、传教士和伐木者大举迁入，岛名也因此变为"弗雷泽"。后来船长夫人的经历成为一部电影和几本小说的创作主题，弗雷泽岛从此闻名于世。

葵花凤头鹦鹉

弗雷泽岛上，在高达 240 米的沙滩和悬崖后面生长着种类繁多的植物。弗雷泽岛上森林茂密，喜欢潮湿的棕榈和千层树在积水的地方生机蓬勃；柏树、高大的桉树、成排的杉树以及非常珍贵的考里松也都适意地在此安家落户。这些林地为很多动物提供了家园。世界上有超过 300 种原生脊椎动物，而生活在这个岛上的就多达 240 种，其中包括极为珍贵的绿色、黄色雉鹦哥。这种鹦鹉科鸟类，喜欢活动在靠近海岸的洼地和草原上。地鹦鹉、葵花凤头鹦鹉和大地穴蟑螂也是弗雷泽岛上的

漫长的地貌变化

常住居民，因为在这里它们少有天敌。葵花凤头鹦鹉也叫葵花鹦鹉、黄巴旦等，产于澳大利亚北部、东部及一些岛屿。葵花凤头鹦鹉体长40～50厘米，体羽主要为白色，头顶有黄色冠羽，在受到外界干扰时，冠羽便呈扇状竖立起来，就像一朵盛开的葵花，因此得名。葵花凤头鹦鹉的耳覆羽、颊部、喉部、飞羽和尾羽沾有黄色，虹膜为暗褐色或红褐色，嘴、腿、脚呈暗灰色。野生的葵花凤头鹦鹉常常栖息于平原、沼泽等附近的树林中，喜欢结群活动。它鸣声响亮，善于用脚和嘴在树上攀缘，经常一只脚抓住树枝站立，另一只脚将握住的食物送入嘴中，脚趾非常灵活。葵花凤头鹦鹉主要以植物的种子、坚果、浆果、嫩芽、嫩枝为食。它的繁殖期在澳大利亚南部为8月至翌年1月，在澳大利亚北部则为5～9月。葵花凤头鹦鹉筑巢于靠近水源的大树上或岩洞里，每窝产卵2～3枚，孵化期为28天，由雄鸟和雌鸟共同孵化和育雏，育雏期为70天左右，寿命一般为40年左右，也有的活到60～80年的。

弗雷泽岛上的哺乳动物数量很少，但是这里却是澳洲野狗在澳大利亚东部的唯一栖息地。弗雷泽岛上的沙丘湖由于纯净度高、酸性强、营养含量低而鲜见鱼类和其他水生生物，但一些蛙类却非常适应这种环境，特别是一种被称为"酸蛙"的动物，它们能忍受湖中的酸性而悠闲地生活。弗雷泽岛有大片的浅滩，这些浅滩为过往的迁徙水鸟提供了最好的中途栖息地。

弗雷泽岛上的小湖和溪流成为野生动物的饮水源，这些动物中包括澳大利亚野马。它们其实是运木材的挽马和骑兵军马的后裔。每年的8～10月，

拓展阅读

浆果

浆果是一种多汁肉质单果。它由一个或几个心皮形成，含一粒至多粒种子，如葡萄、番茄、酸果蔓。浆果类的营养成分因果实不同而异，外果皮为一到数层薄壁细胞，中果皮与内果皮一般难以区分。浆果的中果皮、内果皮和胎座均肉质化，含丰富浆汁。

弗雷泽岛附近的海面上，还常常能看到巨大的座头鲸喷出的水柱，以及它们跃出水面的样子。

沙克湾

沙克湾位于澳大利亚西部城市伯斯以北 800 千米处。这里是澳大利亚大陆的最西端，西临印度洋，向北抵达卡那封镇，向西延伸到沙克湾的外部岛链伯尔尼岛、多尔岛和德克哈托格岛，面积 21973 平方千米。沙克湾的意思是"鲨鱼湾"，湾内有世界上最大的鱼——鲸鲨。1991 年，联合国教科文组织将沙克湾作为自然遗产，列入《世界自然遗产名录》。

庞大的水生生物之家沙克湾坐落在澳大利亚西海岸尽头，被海岛和陆地所环绕，以其中三个无可比拟的自然景观而著称。它拥有世界上最大的和最丰富的海洋植物标本，并拥有世界上数量最多的儒艮和叠层石（与海藻同类，沿着土石堆生长，是世界上最古老的生命形式之一）。在沙克湾内，还同时保护着五种濒危哺乳动物。

鲸　鲨

沙克湾地区的海湾、水港和小儒艮岛支撑着一个庞大的水生生物世界，海龟、鲸、对虾、扇贝、海蛇和鲨鱼在这个地区都是很常见的水生生物。鲸鲨与其他鲨鱼不同，它有漂亮的脊鳍，性情温和，体型巨大，长度一般超过 20 米，主要以浮游生物为食。

与此同时，在这里的一些地区，珊瑚、海绵和其他的无脊椎动物以及热

漫长的地貌变化

带和亚热带鱼类形成一个很独特的生态群落。宽广平坦的海滩上生活着各种各样的掘穴类软体动物、寄居蟹和其他的无脊椎动物。但是在沙克湾这个生态系统中最为基础的支撑还是"海草牧场"。

基础小知识

鲸鲨

鲸鲨是须鲨目的一种，是目前世界上最大的鱼类。鲸鲨为鲸鲨科及鲸鲨属中唯一的成员，是一种滤食动物。这种鲨鱼被认为大约出现在 6000 万年前，生活在热带和亚热带海域中，寿命大约有 70 年。虽然鲸鲨具有宽大的嘴，不过它们主要以小型动植物为食。

沙克湾拥有面积最大和种属分异度最高的海草平原。在其他地区，通常只有一到两种海草分布于很大的地理区域内。例如，在北美洲和欧洲的绝大多数地区只有一种海草。但在沙克湾地区却有 12 种之多。在沙克湾的一些地方，每平方米内可以很容易地鉴别出 9 种海草。"海洋公园"和在科学上具有重要意义的"海草牧场"形成了沙克湾这一世界自然遗产的

儒艮

重要组成部分。沙克湾内有许多浅水地区，这些地区是跳水和潜水活动的良好场所。产于澳大利亚的海龟大多是食肉动物，一年四季在沙克湾中都可以见到单独出现的海龟，但大规模的海龟聚集从 7 月底才开始，海龟的繁殖季节通常是在此之后。传统上，海龟和儒艮是其产地的土著居民餐桌上的佳肴。但在沙克湾地区，这两种动物并没有受到它们在世界其他地区一样的生存压力。

儒艮属于儒艮科。儒艮的身体呈纺锤形，长约3米，体重300～500千克，全身有稀疏的短细体毛，没有明显的颈部，头部较小，上嘴唇似马蹄形，吻端突出有刚毛，两个近似圆形的呼吸孔并列于头顶前端；无外耳郭，耳孔位于眼后。儒艮无背鳍，鳍肢为椭圆形；尾鳍宽大，左右两侧扁平对称，后缘为叉形。儒艮背部以深灰色为主，腹部稍淡。儒艮为海生草食性兽类，其分布与水温、海流以及海草分布有密切关系，多在距海岸20米左右的海草丛中出没，有时随潮水进入河口，取食后又随退潮回到海中，很少游向外海。儒艮以2～3头的家族群活动，在隐蔽条件良好的海草区底部生活，定期浮出水面呼吸，常被人认作"美人鱼"浮出水面，给人们留下了很多美丽的传说。儒艮是由陆生草食动物演化而来的海生动物，曾遭到严重捕杀，亟待加强保护。

在"海洋公园"中，宽吻海豚这种野生动物会经常来到海岸边与人们接触，并接受人们投喂给它们的鱼。沙克湾的佩伦半岛上，生活着一种鼠类，它比普通的老鼠稍大一些，又密又厚的毛覆盖着身体上的黑色和茶色斑点。目前，这种鼠的数量已经不多了。

宽阔的珊瑚丛是沙克湾的又一美景。这里的珊瑚礁块的直径大约有500米，其间充斥着丰富的海洋生物，无数色彩斑斓的珊瑚争相映入人们的眼帘，蓝色、紫色、绿色、棕色等，真是美不胜收。在这个地区，有一个美丽的蓝色石松珊瑚的生长群落，仿佛是一个大花园一样。这个地区海生的浅紫色海绵也极为有名。

珊　瑚

巴芬岛和巴芬湾

巴芬湾位于北大西洋西部格陵兰岛与巴芬岛之间。巴芬湾从戴维斯海峡到内尔斯海峡，南北1450千米，面积68 900平方千米。巴芬湾中央是巴芬凹地，深达2100米，海底呈椭圆形，四周为格陵兰和加拿大大陆架。

1615年，英国航海家巴芬航行到此，于是人们就用巴芬的名字来命名这个海湾。巴芬岛为加拿大第一大岛，世界第五大岛，是加拿大北极群岛的组成部分，东隔巴芬湾和戴维斯海峡，与世界第一大岛——格陵兰岛遥遥相对，长1500千米，最大宽度800千米，面积507 451平方千米。

巴芬湾海峡出口处有暗礁。巴芬湾除中心凹地外，北部水深240米，南部水深约700米。巴芬湾海底多为陆源沉积，如灰棕色的淤泥石子、石砾和沙砾。这里气候寒冷，夏天多南风和西北风，冬天格陵兰岛的东风为这里带来暴风雪。1月份巴芬湾南部平均温度-20℃，北部-28℃，有记录的最低气温为-43℃；7月份海岸平均温度7℃。格陵兰沿海年降水量在100~250毫米，而巴芬岛沿海要多1倍。海流以逆时针方向流动，西格陵兰海流通过戴维斯海峡每年注入巴芬湾99万立方米海水，从北边海峡流入的北冰洋水流沿巴芬岛汇入大西洋。西格陵兰暖流紧挨着格陵兰海岸，从迪斯科岛流到格陵兰的图勒海面，再向西南与寒流混合。巴芬湾中央覆盖着厚冰层，但是在北部由于西格陵兰暖流的影响，实际上从不封冻，形成"北方水道"。巴芬

巴芬湾

湾上的冰山大部分都是冰川冲入海中断裂而成，最大的冰山有 70 米高，水下有 400 米深。

从北冰洋流入巴芬湾的海水含盐度达 30‰ ~ 32.7‰，底层水盐分较高。海潮的搅动使上层海水增加营养盐，并使下层海水增加溶解于水中的氧。盐分的溶解和暖流的增温有利于生物生长。

该地区海藻的繁殖为细小的无脊椎动物（如著名的磷虾）提供了食料，无脊椎动物又是较大生物的食品。巴芬湾的鱼类有北极比目鱼、北极鳕等，海兽有海豹、海象、海豚和鲸；海岸上栖息着大群海鸥、海鸭、天鹅、雪

天 鹅

枭和海鹰。巴芬湾岸边植物有 400 种之多，如桦、柳、桤以及低等喜盐植物和草丛、青苔、地衣等；动物有啮齿类、北美驯鹿、北极熊和北极狐。当地爱斯基摩人以传统方法捕鱼、狩猎。

知识小链接

天 鹅

天鹅是指天鹅属的鸟类，共有 7 种，属游禽，除非洲、南极洲之外各大陆均有分布。天鹅为鸭科中个体最大的类群。天鹅颈修长，尾短而圆，喜欢群栖在湖泊和沼泽地带，主要以水生植物为食，也吃软体动物。

巴芬岛呈西北 – 东南走向，其地质构造是加拿大地盾的延续，地形以花岗岩、片麻岩构成的山地高原为主，海拔 1500 ~ 2000 米，最高处达 2060 米，呈东高西低之势，山脊纵贯岛的东部，上面覆有冰川，中西部福克斯湾沿岸为低地，海岸线曲折，多峡湾。巴芬岛大部分位于北极圈内，冬季严寒漫长，

漫长的地貌变化

夏季凉爽,自然景观为极地苔原。巴芬岛绝大部分地区无人居住,沿岸局部地区有爱斯基摩人的小部落,他们以渔猎为生。巴芬岛南部的弗罗比舍贝是全岛行政中心、毛皮货站,这里建有机场。巴芬岛的坎伯兰半岛建有奥尤伊图克国家公园。巴芬岛北部有铁矿,岛上建有空军基地、气象站和雷达观测站。

巴芬岛的苔原上有一种珍稀动物,它就是北极狐。北极狐属犬科,额面狭长,吻尖,耳圆,尾毛蓬松,尖端白色。北极狐主要有两种类型：白狐和蓝狐。北极狐是北极苔原上真正的主人,它们不仅世世代代居住在这里,而且除了人类之外,几乎没有什么天敌。

北极狐最主要的食物是旅鼠。当遇到旅鼠时,北极狐会极其准确地跳起来,然后猛扑过去,将旅鼠按在地下,吞食掉。北极狐的数量是随旅鼠数量的波动而波动的,通常情况下,旅鼠大量死亡的低峰年,正是北极狐数量的高峰年。为了生计,北极狐开始远走他乡,这时候,狐群会莫名其妙地流行一种疾病"疯舞病"。北极狐身披既长又软且厚的绒毛,即使气温降到-45℃,它们仍然可以生活得很舒服。因此,它们能在北极严酷的环境中世代生存下去。尽管人们对北极狐并无好感,但深知北极狐皮毛的价值和妙用。达官显贵、腰缠万贯的人们以身着北极狐的皮大衣而荣耀万分,风光无限。北极狐的狐皮品质也有好坏之分,越往北,狐皮的毛质越好,毛更加柔软,价值更高。因此,北极狐自然成了人们竞相猎捕的目标。

埃尔斯米尔岛

加拿大的埃尔斯米尔岛是世界第九大岛,面积20万平方千米。埃尔斯米尔岛中部地区,气候终年严寒,为巨大的冰层所覆盖,没有植被和土壤。埃尔斯米尔岛北端距离北极不到250千米。在这样酷寒的极地,只有极特殊的动物才能生存。北极狼就是其中之一。在世界上其他地区,狼群饱受人类的迫害而对人类深怀戒心。然而此地人迹罕至，北极狼徜徉在冰雪荒原上悠然自得，对人类毫不畏惧。

北美洲西北地区的地形地貌都深受第四纪冰川的影响。埃尔斯米尔岛所在的北极群岛在远古和北美大陆是一个整体，是古老的加拿大地盾的一部分。冰川的压力使一部分陆地沉到海平面以下，冰川退却后没有回升到海平面以上，将一部分陆地隔成了岛屿，形成了北极群岛。北极群岛现在还有少数地方被冰川所覆盖，这里是除南极和格陵兰以外冰川面积最大的地方。

埃尔斯米尔岛

北极群岛是世界上面积第二大的群岛，埃尔斯米尔岛是世界第九大岛。北极群岛西北地区的南部并没有被冰川隔成岛屿，但是冰川却在这里造就出世界上最壮观的湖区。北极群岛的植被基本上都是苔原。

埃尔斯米尔岛的面积约为冰岛的两倍。当太阳融化埃尔斯米尔岛朝南山坡的积雪时，在周围一片明亮耀眼的白色衬托下，岛上露出的灰黑色山岩显得分外庄严、肃穆。经过千百年冰雪的侵蚀，埃尔斯米尔岛有的山岭已磨圆了，看起来不如实际上高。埃尔斯米尔岛北部格兰特地山脉的巴博峰海拔2600米，是北美东北部的最高峰。埃尔斯米尔岛海岸线经冰川冲击侵蚀参差不齐，有不少峡湾，有些峡湾，如阿切峡湾，两侧悬岸高出海面700米。

每年的大部分时间，埃尔斯米尔岛的周围海面冰冻，天气寒冷。这里冬季气温可降至-45℃，夏季（从6月底至8月底）气温仍常常低于7℃；在风和日丽的日子，气温可达到21℃。这个岛虽然寒冷，但并不像想象中那样覆盖着厚厚的积雪，只是一个荒漠，年平均降水量（雪、雨和霜）只有60毫米。由于这里热量不足，地面蒸发很少。

面积广阔的埃尔斯米尔岛上只有南部的格赖斯峡湾有居民。早在4000年

漫长的地貌变化

以前，一小部分古代爱斯基摩人从西伯利亚经过冰封的白令海峡到达阿拉斯加。经过几个世纪的游猎，大约2500年前，他们中的一部分人的足迹终于踏上了埃尔斯米尔岛。他们以麝牛和驯鹿为食，用它们的皮毛、骨骼做衣服和武器，并改良方法猎杀海洋动物，最终兴旺繁荣起来，成为了现代爱斯基摩人的祖先。他们发展出不可思议的技艺，在皮船上捕捉包括鲸在内的各种海洋哺乳动物，狗拉雪橇成为重要的陆上交通工具。因此，埃尔斯米尔岛成了一个研究加拿大北部土著人的重要场所。

埃尔斯米尔岛上没有树木，离它最近的树生长在南部的加拿大大陆上。夏季，这里的大部分地区没有积雪，北极罂粟等野花在小溪边等适宜的地方盛开。黑曾湖地区是这片广大荒原上的最大绿洲。到了夏天，黑曾湖湖畔生机勃勃，生长着苔藓、石楠和虎耳草等，草原上有成千上万雪白的北极野兔、成群的麝牛和驯鹿。

生活在埃尔斯米尔岛上的驯鹿比大陆上的驯鹿要小，毛色较白，冬季不向南迁徙，同麝牛和北极野兔一样，只能依靠刨食积雪下的地衣和绿色植物过冬。无论冬夏，它们都是北极狐和狼的猎物。来此度夏的许多鸟，冬季都南飞到较温暖的地方。北极燕鸥几乎飞行地球半圈到南极地区去过夏天。岩雷鸟冬季仍留在岛上，寻觅冬季植物维持生命。

北极狼分布在加拿大北极群岛及格陵兰北海岸，大概在北纬70度的北边。它们生活在荒芜的地带，包括苔原、冰河谷及冰原。北极狼能够忍受 −55℃ 的寒冷温度。北极狼有一身白色且比南方狼更加浓密的毛。它们的耳朵比较小也比较圆，鼻子稍短，腿很短。它们的体重较重，一只发育完

北极狼

全的公狼重达 80 千克。北极狼吃它们所能捕获的任何动物：从野鼠、旅鼠、野兔及小鸟到驯鹿及麝牛。它们必须成群一起猎捕驯鹿及麝牛等大型猎物。由于这个范围内掩蔽物极少，北极狼必须逼近有警觉的兽群防御圈，圈内有幼兽在中央。北极狼群绕这群动物转，试图迫使它们分散开以便隔离出那些年幼或身体衰弱的成员来。一头麝牛就足够北极狼维持好几天的生活。北极狼是狼族中唯一没有受到生存威胁的，它们偏远的栖息地使它们可以远离人类，而避免因人类威胁所带来的绝种危机。

阿卡迪亚岛

阿卡迪亚岛位于美国东部缅因州海岸附近，是 5 亿年来地质运动的壮丽结果。火山爆发喷出的岩浆被海水冷却，塑造了阿卡迪亚岛的雏形。后来，冰川时期的冰河在岛上奔流，重新塑造了阿卡迪亚岛，形成了美国东部独特的海湾——桑斯桑德海湾。这里最初是法国殖民地，由法国人命名为"秃山岛"。海和山巧妙的结合可以说是阿卡迪亚岛最大的特点。这里的海显得气势磅礴，山顶的石头有点儿怪异，或光秃秃，或铺满苔藓地衣，植被和别的岛有很大不同。

1604 年，法国探险家萨缪尔·查普兰率领的探险船队在阿卡迪亚岛的浅滩搁浅。大雾遮蔽了他的视野，整个岛屿笼罩在朦胧之中，于是他把这座岛屿命名为"秃山岛"。1759 年，欧洲人开始在该岛上定居。19 世纪初，美国艺术家汤姆斯·科勒和弗里德里克·切奇先后来到此岛寻找

阿卡迪亚岛寂静的海湾

漫长的地貌变化

创作灵感。他们被这里的原始纯朴深深打动了，创作了一批风景画。随后，阿卡迪亚岛名声远播，逐渐成为美国富裕的工业家们的避暑胜地，洛克菲勒、卡内基、福特和摩根家族都在这里建造了豪华的别墅。

1913年，一个名叫乔治·多尔的人向美国联邦政府捐赠了将近2.4平方千米的岛上土地，以便大众能欣赏到这块土地上的美丽景色，并使这些土地上的景物能够得到保护。洛克菲勒家族随后也捐献了4.45平方千米的岛上土地。1919年，美国总统威尔逊签署法案，确定在这些捐赠土地上成立拉斐特国家公园——这是密西西比河以东的第一个国家公园。1929年，该公园改名为"阿卡迪亚"。

起伏的山脉是阿卡迪亚岛最主要的地理特征。阿卡迪亚岛上草木丛生，山势成斜坡向下插入海洋。阿卡迪亚岛海湾聚集了丰富的海洋动植物资源，包括藻类、海螺、鲸和龙虾等各种海洋生物。海洋学家常年在这里观察海豚、海豹和海鸟的生活习性。长年不散的烟雾经常使这里的海上一片模糊，船只的航行变得十分危险。阿卡迪亚岛海边矗立着5座灯塔，它们至今还在发挥作用。

基础小知识

海 螺

海螺属软体动物腹足类，生活在沿海浅海海底，海螺贝壳边缘轮廓略呈四方形，大而厚，十分坚固，壳高达10厘米左右，螺层6级，壳口内为杏红色，有珍珠光泽。海螺肉丰腴细腻，味道鲜美，素有"盘中明珠"的美誉。

卡迪拉克山脉是阿卡迪亚岛东海岸的一个奇特景观。它以发现底特律的法国探险者卡迪拉克命名。由于1947年的火灾，阿卡迪亚岛上近4平方千米的植被被烧毁，后来重新长出的云杉和冷杉更显蓬勃。人们可以骑自行车沿着洛克菲勒家族修建的道路深入森林探险，中途还可以领略约旦池塘、鹰湖的美丽原始景色。静静的森林里，海狸在蜿蜒的小河上筑坝建巢，忙忙碌碌。人们爬上萨格特峰或派诺斯各特山脉还可以看到法国人海湾和桑斯桑德海湾令人惊叹的壮丽景观。

在阿卡迪亚岛的海里住着人类的朋友——海豚。海豚是海里智力最发达的哺乳动物。它是鲸类家族中最小的一种。海豚最大才4米多长，体重只有100多千克。它们的身体呈流线型。除了胸鳍之外，它们还长有一片背鳍，尾巴扁平而有力。海豚特别活泼，喜欢玩耍。它们有时爱找海龟游戏。海豚成群地游到海龟底下，用又尖又硬的鼻子一顶，把海龟顶向海面，然后就试图把它翻转过来，让它仰面朝天。有时一群海豚会同时跃起，一下子压向海龟，把它压得沉下水去好几米，不等海龟恢复平衡，又有几只海豚压下来，弄得海龟只好把头和四肢缩进龟壳。海豚是海中最善于游泳的动物之一，它们的最快时速能达 80～120 千米，超过陆地上跑得最快的猎豹。海豚的大脑异常发达。它们的大脑与身体的比例仅次于人的大脑与身体的比例，而且大脑的沟回也特别多，记忆力极好，其学习和模仿能力超过猿猴。海豚显得格外聪明，也容易与人交流。

广角镜

海龟的天敌

成年海龟的四鳍及头极易受到凶猛鱼类（如鲨鱼）的攻击，母龟在产卵后也可能成为鳄鱼、豹子、蚂蚁等陆生食肉动物的食物。小海龟出生时，鸟类也会以它们为食。到了水中，小海龟也会成为一些海生动物的食物。

海 豚

漫长的地貌变化

冰火两重天

　　雪山与火山这冰与火的点缀无疑地给地球增添了无限的光彩。从玉龙雪山、梅里雪山到瓦特纳冰川，从埃特纳火山到西伯利亚冰原，无论是火山还是雪山都是世界上不可缺少的山脉。本章就重点地向您介绍几种著名的雪山与火山，让您能够了解更多关于"冰火"的相关知识。

漫长的地貌变化

玉龙雪山

　　玉龙雪山位于云南省西部。玉龙雪山为云岭山脉中最高的一列山地，由 13 座山峰组成，海拔均在 5000 米以上，南北长 35 千米，东西宽约 20 千米，群峰南北纵列，山顶终年积雪，山腰常有云雾，远远望去，宛如一条玉龙腾空，玉龙雪山因而得名。玉龙雪山景区包括整个玉龙雪山及其东侧的部分区域，以高山冰雪风光、高原草甸风光、原始森林风光、雪山水域风光使世人惊叹。

玉龙雪山

　　玉龙雪山是世界上北半球纬度最低的一座有现代冰川分布的极高山（极高山，是指海拔 5000 米以上，相对高度大于 1500 米，有着永久雪线和雪峰的大山），在地质历史上曾有近 4 亿年的时间为海洋环境。直到 1 亿多年前的中生代三叠纪晚期，发生了印支运动，玉龙雪山地区才从海底升起。又经过多年的地壳运动，到了距今 70 万~60 万年的中更新世早期，玉龙雪山地区才形成高山、深谷、草甸相间的地貌形态。加上全球性气候多次明显变冷，这里发生了多次冰期。冰期时，巨大的冰川从玉龙雪山上远远地伸向山麓和山谷，从而留下了大量的冰川侵蚀地形与不同时期的各种冰川堆积物。玉龙雪山地质史上又经受过丽江冰期和大理冰期的直接影响，古冰川遗迹很多，在冰川学上有特殊意义。

　　玉龙雪山主峰扇子陡，在一马平川的丽江坝子北端拔地而起，山脊呈扇面展开，像一尊身着银盔玉甲、容貌英武刚强的勇士昂首云天。它与丽江古城仅隔15千米，高差却达3200米。玉龙雪山上万年冰封，山腰森林密布，山下四季如春，构成世界上稀有的"阳春白雪"景观。由于玉龙雪山主峰山势陡峻，雄伟异常，所以攀登极其困难。在扇子陡海拔4500米以上的山间，分布着19条冰川，还有冰塔林和"绿雪奇观"。冰川类型为悬崖冰川和冰斗冰川。冰斗之间的角峰和梳状刃脊，似一把把利剑插向云端，这些由玄武岩组成的高峰，被切割侵蚀成巨大的金字塔状，无比雄壮。

玉龙雪山东麓，从南到北依次分布着干海子、云杉坪、牦牛坪等高山草甸，因海拔差异，加上周围森林花卉的映衬，形成了多姿多彩的牧场风光。干海子长4000米左右，宽约1500米，海拔2900米。干海子原为高山冰蚀湖泊，后来积水减少以至干涸，于是人称干海子。这里空间开阔，松林密布，草地如茵，是观赏玉龙雪山主峰的最佳位置。这里还残存大片冰碛石，为研究古代海洋沉积提供了便利条件。云杉坪是玉龙雪山东面的一块林间草地，约500平方千米，海拔3000米左右。云杉坪郁郁葱葱，在其周围的密林中，树木参天，枯枝倒挂，长满青苔。

玉龙雪山东麓每当冰雪消融，一股股水流便沿崖壁飞泻，像一匹匹白练飘落山涧。由于河床底石呈黑白两色，形成白水河、黑水河两条河流穿林而过。白水河在干海子至云杉坪之间，因河床、台地都由沉积岩类的石灰石碎块组成，呈灰白色，清泉从石上流过，亦呈白色，于是人称白水河。

云 豹

它与北边相距4000米的黑水河走向大体一致，但地质构造却迥然不同。黑水河的河床多属岩浆岩类的玄武岩，呈青黑色。两河长流清泉，是现代冰川的融化潜流形成的。河谷两岸，植被繁茂，在雪山的映衬下更加苍翠秀美。

玉龙雪山从山脚河谷到峰顶具有中亚热带、温带至寒带的垂直带自然景

漫长的地貌变化

观，尤其东坡地势相对平缓，植物带状分布特别明显：海拔2400～2900米为半湿润常绿阔叶林、云南松林带；海拔2700～3200米为硬叶常绿阔叶林带；海拔3100～4200米为亚高山寒温性针叶林带，云杉、红杉、冷杉分带明显；海拔3700～4300米为高山杜鹃灌木丛草甸带；海拔4300～5000米为高山荒漠植物带，在石缝中零星生长着雪莲花、绿绒蒿等植物；海拔5000米以上为无植物生长的山顶现代冰川积雪带。这种完整的山地垂直带系列是一般地区所不具备的，在科学研究上具有重要价值。

在玉龙雪山的原始森林群落中，有丽江铁杉、长苞冷杉、云南榧木、红豆杉等20余种国家保护的珍稀濒危植物。玉龙雪山中拥有杜鹃花50多种、报春花60多种、兰花70多种，是云南省著名的园艺类观赏植物的主要产地。玉龙雪山中还有天麻、乌头、虫草、贝母、三尖杉等800多种药材；有滇金丝猴、云豹、藏马鸡等59种珍稀动物；蝴蝶种类珍奇繁多，既有古北区和东洋区的蝴蝶资源，也有高山珍奇蝶类。

梅里雪山

梅里雪山位于云南省德钦县东10千米处，这里平均海拔在6000米以上的山峰就有13座，最高的是卡瓦格博峰，海拔6740米，为云南省的第一高峰。

梅里雪山属于横断山脉，位于云南迪庆藏族自治州德钦县和西藏察隅县交界处，距离昆明849千米。梅里雪山属于怒山山脉中段，处于世界闻名的金沙江、澜沧江、怒江"三江并流"地区，它逶迤北来，连绵十三峰，座座晶莹，峰峰壮丽。在这一地区有强烈的上升气流与南下的大陆冷空气相遇，变化成浓雾和大雪，并由此形成世界上罕见的低纬度、高海拔、季风性海洋性现代冰川。雨季时，冰川向山下延伸，冰舌直探2600米处的森林；旱季时，冰川消融强烈，又缩回到4000米以上的山腰。由于降水量大、温度高，使得该地冰川的运动速度远远超过一般海洋性冰川。剧烈的冰川运动，更加剧了对山体的切割，造就了这里令所有登山家闻之色变的悬冰川、暗冰缝、冰崩和雪崩。

由于垂直气候明显，梅里雪山的气候变幻无常，雪雨阴晴全在瞬息之间。梅里雪山既有高原的壮丽，又有江南的秀美。蓝天之下，这里洁白雄壮的雪山和湛蓝柔美的湖泊，莽莽苍苍的林海和广袤无垠的草原，无论在感觉上和色彩上，都给人带来强烈的冲击。

你知道吗

雪崩

当山坡积雪内部的内聚力抗拒不了它所受到的重力拉引时，便向下滑动，引起大量雪体崩塌，人们把这种自然现象称作雪崩，也有的地方把它叫作"雪塌方""雪流沙"。同时，它还能引起山体滑坡、山崩和泥石流等可怕的自然现象。因此，雪崩被人们列为积雪山区的一种严重自然灾害。

这里植被茂密，物种丰富。在植被区划上，属于青藏高原高寒植被类型，在有限的区域内，呈现出多个由热带向北寒带过渡的植物分布带谱。梅里雪山在海拔2000～4000米左右，主要是由各种云杉林构成的森林，森林的旁边，有着延绵的高原草甸。夏季的草甸上，无数叫不出名的野花和满山的杜鹃、格桑花争奇斗艳，竞相怒放，犹如一块被打翻了的调色板，在由森林、草原构成的巨大绿色地毯上，留下大片的姹紫嫣红。

从德钦县沿滇藏公路北上，东行至10千米处的飞来寺，但见澜沧江对岸数百里冰峰接踵，

卡瓦格博峰

漫长的地貌变化

雪峦绵亘,气势非凡。这便是闻名遐迩的云南第一峰——卡瓦格博峰。

梅里雪山诸多海拔在 6000 米以上终年积雪的雪峰下蜿蜒着一条条冰川,其中最壮观的冰川是明永恰冰川。这条冰川是因它之下的村寨名而得名的。

明永恰冰川从海拔 6740 米的卡瓦格博峰一直铺展到海拔 2660 米的森林中,绵延 12 千米,平均宽度为 500 米,总面积约为 6 平方千米,年融水量 2.3 亿立方米。冰川冬季下延,夏季退缩,延伸幅度大,消长的速度快,是世界上稀有的低海拔冰川。

登临冰川,你会感到景致光怪陆离,有飞架的冰桥以及碧绿晶莹的冰洞,纤细的冰芽、冰笋,千姿百态的冰的世界令人感到趣味无穷。

明永恰冰川

海螺沟

海螺沟位于我国四川省甘孜藏族自治州泸定县境内,是发源于贡嘎山主峰东坡的一条冰融河谷,以低海拔现代冰川、大冰瀑和温泉著称。海螺沟冰川长 15 千米左右,尾端伸入海拔 2850 米的原始森林区,是地球上同纬度海拔最低的一条现代冰川。海螺沟 6000 米以上的落差,形成了自然界独特的 7 个植被带、7 个土壤带,荟萃

海螺沟冰川

了我国大多数的植物种类。海螺沟呈垂直分布的植被与冰川、温泉、原始森林共生，世所罕见，蔚为壮观。

海螺沟冰川生成于大约1600年前，地质学称其为现代冰川。海螺沟独特的地质构造形成了壮观的地理布局和特别的植物分布。这里冰面河、冰面湖、冰下河、冰川城门洞、冰裂隙、冰阶梯、冰石蘑菇、巨大的冰川漂砾、冰川弧拱遍布峡谷，两侧高逾数百米的留有冰川擦痕的绝壁，还有黛绿色的原始森林等，形成冰川所特有的景观。海螺沟冰川共有3条，其中1号冰川长14.7千米，为3条冰川中最长的，伸进森林线内6千米。这条冰川是亚洲同纬度冰川中海拔最低、面积最大的。2、3号冰川长度分别为4.8千米和4.2千米。在这冰天雪地的冰川世界里，有温泉点数十处，水温介于40~80℃，其中更有一股水温高达90℃的沸泉。海螺沟冷热集于一地，甚为神奇。

海螺沟大冰瀑布

大冰瀑布位于海螺沟冰川的上部，是一个巨大的陡壁。大冰瀑布高1080米，宽500~1100米，是我国最高最

拓展阅读

杜 鹃

杜鹃是中国十大名花之一，在所有观赏花木之中，称得上花、叶兼美，地栽、盆栽皆宜，用途十分广泛，白居易赞曰："闲折二枝持在手，细看不似人间有，花中此物是西施，鞭蓉芍药皆嫫母"。在世界杜鹃花的自然分布中，种类之多、数量之巨，没有一个能与中国杜鹃花匹敌。今江西、安徽、贵州以杜鹃为省花，定其为市花的城市多达七八个。

大的冰瀑布。这个巨大无比的固体冰瀑，仿佛是从蓝天直泻而下的一道银河，像顶天立地的巨大银屏，屹立在冰川上。冰崩时，冰体间剧烈的撞击和摩擦会产生放电现象，一时间雪雾漫天，蓝光闪烁，声声如雷，震天撼地，动人心魄，堪称自然界一大奇观。

海螺沟独特的地理条件，使沟内高差达6000米左右，基于此，在沟内形成了明显的多层次的气候带、植被带和土壤带，将2500种从亚热带至寒带的野生植物集中在一个风景区内。从山谷的棕榈树、青翠的竹林到原始森林的参天古木、万花烂漫的大片野生杜鹃，直至高海拔的色彩缤纷的草本野花和地衣类植被都可在海螺沟内看到。

瓦特纳冰川

瓦特纳冰川在冰岛东南部，排名世界第三，是欧洲最大的冰川，冰川面积约8400平方千米，相当于该国面积的1/12，仅次于南极冰川和格陵兰冰川。瓦特纳冰川海拔约1500米，冰层平均厚度超过900米，部分冰层的厚度超过了1000米。瓦特纳冰川是冰岛最大的冰冠，令人感到奇特的是在冰中分布着熔岩流、火山口和热湖。所以，人们通常称冰岛为"冰与火之地"。

在冰岛的巨大冰原瓦特纳冰川上，冰块之多几乎相当于整个欧洲其他冰川的总和。它覆盖的面积差不多等于英国威尔士的一半，其平滑的冠

瓦特纳冰川

部更伸展出许多条大冰舌，冰雪从荒漠中升起，穿过山区，形成一大片白色平原，厚达900米以上，以致寸草不生。

瓦特纳冰川的东南两端各有布雷达梅尔克冰川和斯凯达拉尔冰川。东端的布雷达梅尔克冰川有蜿蜒曲折的条状岩石，还有从高地山谷冲刮下来的泥土。瓦特纳冰川的末端是个潟湖，偶尔巨大而坚硬的厚冰块从冰川分裂出来，水花四溅发出巨响，形成了一座座冰山，漂浮在潟湖上。在这两条冰川之间有一个小冰冠，名为厄赖法冰川，覆盖着与冰川同名的火山。

基础小知识

冰 川

冰川或称冰河，是指大量冰块堆积形成如同河川般的地理景观。在终年冰封的高山或两极地区。受重力作用而移动的冰川称为山岳冰河或谷冰川，而受冰川之间的压力作用而移动的则称为大陆冰川或冰帽。冰川是地球上最大的淡水资源，也是地球上继海洋之后最大的天然水库。

广角镜

北极熊

北极熊是世界上最大的陆地食肉动物，属哺乳纲，熊科。北极熊在冬季时，由于脂肪大量积累，它们的体重可达1000千克。北极熊的毛是无色透明的中空小管子，但它们的皮肤是黑色的，我们从它们的鼻头、爪垫、嘴唇以及眼睛四周的黑皮肤上就能看见皮肤的原貌。北极熊黑色的皮肤有助于吸收热量，这又是它们保暖的好方法。

厄赖法火山的高度在欧洲排名第三，它曾在14世纪和18世纪时先后有过两次毁灭性的爆发。瓦特纳冰川永不静止的特性是冰岛的典型风光。目前，瓦特纳冰川仍以每年800米的速度流转入较温暖的山谷中。当它在崎岖的岩床上滚动时，会裂开而形成冰隙。冰块在抵达低地时逐渐融化消失，留下由山上刮削下来的岩石和沙砾。

瓦特纳冰川下埋藏着的格里

漫长的地貌变化

姆火山是该冰川底下最大的火山。格里姆火山的周期性爆发融化了周围的冰层，冰水形成湖泊。湖水不时地突破冰壁，引起洪灾。格里姆火山口内的热湖深488米。热湖被200米厚的冰所覆盖，但来自底下的热量使部分冰融化了。冰变成水后便占据了更大的空间。在格

北极熊

里姆火山口，不断增大的水量最终会冲破冰层。这种猛烈的喷涌使水流带走了其路径中的一切，包括高达20米的冰块。20世纪以来，格里姆火山每隔5～10年即爆发一次。格里姆火山喷发的火焰与冰川移动的冰块构成瓦特纳冰川变幻莫测的景观。

　　瓦特纳冰川有一种让人既爱又怕的动物，那就是北极熊。北极熊生活在包括冰岛在内的整个北极地区。北极熊以捕食海豹为生，特别是环斑海豹。紧靠着海洋，有一块块断裂开来的浮冰和来这里繁衍的海豹。北极熊常在冰面上海豹的通气孔旁边等着，或是当海豹爬上冰面休息时就蹑手蹑脚地扑过去。

　　北极熊为了觅食而长途跋涉，路程长达70千米。它们每天都找寻食物，当冬天海水结冰，浮冰面积扩大时它们会向南迁徙，夏天再回到北边。初冬时分，雌熊便不再四处游荡，它会在雪地上挖一个洞，在洞里产下2～3只熊仔。

　　熊妈妈乳汁中脂肪的含量很高，靠着这么丰富的营养，熊仔会迅速长大，并能保持体温。在3月或4月时，它们便从积雪的家中出来，此后再跟母亲一起呆上两年。

　　北极熊很适应寒冷地区的生活。它们那白色的皮毛与冰雪同色，便于伪装，而且又厚又防水，皮下的脂肪层可以保暖。除了鼻子、脚板和小爪垫，

北极熊身体的每一部分都覆盖着皮毛。多毛的脚掌有助于北极熊在冰上行走时增加摩擦力而不滑倒。

菲律宾火山

菲律宾处于环太平洋火山带上,是这一地带上火山活动最活跃的国家之一。地壳板块的移动是火山形成的根本原因。在太平洋边缘的大陆板块和海床板块相互摩擦碰撞时,周围陆地边缘形成了火山。菲律宾火山众多,爆发频繁,有些火山的爆发甚至影响到了全世界。菲律宾著名的火山有阿波火山、马荣火山和皮纳图博火山。

马荣火山

阿波火山是菲律宾的最高峰,位于棉兰老岛达沃市西南约 40 千米处,海拔 2954 米,是一座活火山,至今仍经常冒烟。阿波火山南坡有富有传奇色彩的土达亚瀑布。这条瀑布从一个壁龛处飞泻而下。传说这个壁龛是由一名叫土达亚的美丽姑娘雕刻的,因而得名。土达亚瀑布时而潺潺细响,时而如金鼓轰鸣,颇为奇特。菲律宾政府围绕阿波火山建成了一处公园,名字就叫阿波公园。阿波公园面积约 800 平方千米,园内还有温泉、硫黄矿和珍稀动物吃猴鹰等。

马荣火山是菲律宾最大的活火山,在黎牙实比西北,有完整的火山锥,方圆达 130 多千米,高 2400 多米。马荣火山呈圆锥形,顶端为熔岩覆盖,呈灰白色,绮丽、壮观,被人们誉为"世界上最完美的火山锥"。传说古代此地有一个女子,容貌美丽,心地善良,为救父亲而牺牲了自己的生命。人们为

漫长的地貌变化

其孝心所感动，为她修建了一座大坟墓，后来这座坟墓竟长成高峰，外形很像日本的富士山，又常有白云缭绕，显得格外壮观。马荣火山的上半部几乎没有树木，下半部长出一片片茂密的森林，有的地方从山上一直到山脚下都可以看到火山喷发时留下的痕迹。马荣火山至今仍时常冒烟。白天，马荣火山不断喷出白色烟雾，凝成云层，遮住山头。入夜，烟雾呈暗红色，整个马荣火山像一个巨大的三角形蜡烛座耸立在夜空中。1616年以来，马荣火山爆发达30多次，最大的一次是在1814年2月，周围城镇尽遭破坏，只剩下卡葛沙威教堂的塔尖露出地面。

皮纳图博火山位于菲律宾吕宋岛，东经120.35度，北纬15.13度，海拔1486米。1991年前，皮纳图博火山并不知名，当地没有人经历过火山喷发，也未发现关于该火山喷发的历史记录。

1991年皮纳图博火山爆发

1991年6月15日，该火山的爆炸式大喷发是20世纪世界上最大的火山喷发之一，喷出了大量火山灰和火山碎屑流。皮纳图博火山的喷发使山峰的高度大约降低了300米。

菲律宾火山地震研究所和美国地质调查局的火山学家对皮纳图博火山的爆发做出了预测，从而挽救了成千上万人的生命，然而，猛烈的火山喷发还是造成了超过300人死亡和巨大的财产损失。

皮纳图博火山未发现火山喷发的历史记载。地质学家对皮纳图博火山沉积物进行了放射性同位素测年，获得3个 ^{14}C 年龄，其中最年轻的为635±80年。根据上述年龄，菲律宾火山地震研究所把皮纳图博火山划为活火山。

知识小链接

^{14}C

^{14}C是碳元素的一种具有放射性的同位素。它是透过宇宙射线撞击空气中的氮原子所产生。^{14}C的应用主要有两个方面：一是在考古学中测定生物的死亡年代，即放射性测年法；二是以^{14}C标记化合物为示踪剂，探索化学和生命科学中的微观运动。

皮纳图博火山周围生活着1万多土生土长的山民，近百万人生活在附近三个省的城镇和军事基地。1991年，皮纳图博火山的成功预报极大地减少了人员损失。在火山监测、预报和疏散过程中，一个巨大的障碍是人们的怀疑态度，因为即使在最年长者的记忆中也从未有过火山喷发的经历，甚至也没有听到他们的长辈提起过。人们不相信皮纳图博火山会真的喷发。事实上，在世界上大多数长期休眠的活火山周围，人们普遍缺少对火山灾害的危机意识，其中也包括政府官员和科学家。皮纳图博火山的爆发为我们敲响了警钟。

堪察加火山群

堪察加火山群，位于俄罗斯的堪察加州。勘察加火山群是世界上最著名的火山区之一，它拥有高密度的活火山，而且类型和特征各不相同。五座具有不同特征的火山构成了堪察加半岛的奇异景观。这个半岛在欧洲大陆和太平洋之间所处的位置，也把这里不断发展的火山活动和各具特色的火山种类展现在世人面前。除了它的地质特征外，勘察加火山还以它的优美景观和众多的野生动物著称于世。

堪察加半岛是世界上火山活动最活跃的地方之一，各种各样的火山现象，如间歇泉、富含矿物质的温泉都可以充分证明这一点。堪察加半岛上有300

漫长的地貌变化

多座火山（包括破火山口、外轮火山及混合类型火山），其中有29座火山近期内活动十分频繁。留契夫卡雅火山是欧亚大陆最高的火山，海拔4750米；在其南部的克罗斯基自然保护区中还有不少死火山。堪察加半岛的中央被两座山脉环绕着，形成了类大陆性的气候，而除此之外的其他地区受海洋影响

堪察加半岛的火山

较大。这里1月份平均温度为-8℃，7月份平均温度为10℃；西海岸因为冰冷的鄂霍次克海的影响，气温明显偏低。堪察加半岛各部分的降水情况迥异：中部地区的年均降水量少于400毫米，沿西海岸地区为1000毫米左右，而南部地区可达到2000毫米。堪察加半岛上有四大奇观：

一是火山，火山遍布全境，拥有活火山29座。

二是喷泉，堪察加半岛上的冷热喷泉很多，仅热喷泉就有85处，还有罕见的间歇泉，以克罗斯基自然保护区内为多。这里的喷泉成分各异，有酸性泉、硫黄泉、氨碱泉等。间歇泉中以"巨人泉"最为壮观。此泉喷发时间虽不长，但很强烈，先是泉水注满出口，而后冒泡沸腾，最后巨大的水柱突然腾空而起，可达10~15米，整个河谷便笼罩在云雾之中。霁时间，这里河水淙淙，泉水汩汩，热气腾腾，地下隆隆，令人惊心动魄。而在间歇泉密

"巨人泉"

集的舒纳亚河支流地区，群泉竞喷，此起彼伏，云雾缭绕，又是另一番风景。

基础小知识

棕 熊

棕熊，别名马熊，哺乳动物，属于脊索动物门，食肉，主要分布于山区。

棕熊雄性身长一般为170～280厘米，尾长有8～14厘米；体重通常雄性可达540～650千克，而雌性为150～300千克，但体型大的个体并不少见，不少的雄性能达到600千克，而且过冬前的体重会比平时大得多。

三是"死亡谷"，"死亡谷"坐落在基赫皮内奇火山山麓、热喷泉河上游，在克罗斯基自然保护区南部。该峡谷长2000米，宽100～300米，海拔1000多米，有山涧穿谷而过，流水清澈见底，山谷四周峭壁峥嵘，峰顶白雪皑皑。这里的西山坡上草木茂盛，东边却是光秃秃的一片，峡谷里经常弥漫着轻纱般的薄雾。在这里，不管是粗壮的黑熊，还是机灵的田鼠，有时会很快暴亡，难逃厄运，故人们称之为"死亡谷"。其原因在于谷底有含硫岩层，有纯硫裸露，常溢出有毒的硫化氢气体。刮西风时，"死亡谷"出口被封，毒气无法升腾消散，来此觅食的动物便中毒死亡。只有强烈的东风和北风刮来时，地下的毒气才被稀释消散，此时人们进入"死亡谷"才安全。

四是海潮，西北部品仁纳湾内的海潮是一大奇观，海潮经常高达13米左右，比3层楼还高。

堪察加湖保护区位于俄罗斯东部地区。由于堪察加半岛几乎四面环海，气候潮湿而凉爽，所以植被繁茂。人类在此开发的力度并不是很大，这使得原始森林基本上保留了原貌，白桦、云杉、落叶松等

"死亡谷"

漫长的地貌变化

针叶林主要生长在山谷中；河边的冲积土壤上是成片的白杨、桤木和柳树林；其他植被分布包括泥炭沼泽、亚高山带灌木丛、高山苔原，以及宽达50千米的辽阔的沿海湿地。

堪察加湖保护区向世人展示了一种岛上风情，这里的动物种类相对较少，但数量却相当可观。据记录，堪察加湖保护区的哺乳动物有几十种，主要包括麝鼠、水貂、加拿大海狸、麋鹿、棕熊和雪羊。目前这里尚未发现爬行动物，只有一种两栖类动物。与此形成鲜明对比的是，这里各种各样的鸟类应有尽有，数不胜数，其中有一些属世界濒危物种。全球50%的阿留申燕鸥栖息在堪察加半岛上；岛上几乎所有的河流中，尤其是那些未被污染过的，都生活着大马哈鱼，这种鱼是食肉鸟类及哺乳动物食物链上关键的一环。但近年来，堪察加半岛海滨附近违法的捕鱼行为屡禁不止，加上现代工业对大马哈鱼的产卵地造成了很大威胁，所以它们目前业已上了俄罗斯濒危物种名单。

广角镜

大马哈鱼

大马哈鱼属鲑科鱼类，是著名的冷水性溯河产卵洄游鱼类。大马哈鱼的鱼子和幼苗只能在淡水中生存，它们一般把卵生在淡水系统的江河上游的沙砾区域。大马哈鱼卵孵化出幼苗并生长一段时间后顺流而下进入咸水系统的海洋之中，在物质富饶的海洋中生长发育积蓄能量，经过4年左右的生长达到性成熟后，又会洄游淡水江河中产卵。大马哈鱼主要栖息在北半球的大洋中，以鄂霍次克海、白令海等海区最多。

西伯利亚冰原

西伯利亚冰原是一片广阔的大平原，湖泊和沼泽星罗棋布，大部分地区长满了苔藓。这片冰原位于西伯利亚北部，沿北极冰盖边缘延绵 3200 千米，属于欧亚大陆最北部泰米尔半岛的典型景色。

20 世纪 80 年代的一个夏天，作家和动物学家杰拉尔德与德罗尔游历了泰米尔半岛。他们记述，那里的冻土上长满着苔藓和草本植物，它们之间夹杂着雏菊似的小花，遍地都有矮柳丛在翠绿色的苔藓中茁壮地开放着粉红色的花。

泰米尔半岛每年有三个月太阳不落，但即使在仲夏，气温也只有 5℃ 左右。冬季这里则有一段时间全是漫漫长夜，不过比夏季太阳不落的时间短，这时只能看到月光，偶尔还可见到极光。冬季泰米尔半岛的气温可降至 -44℃。因而留给植物开花和结籽的时间很少。这里的植物大多是多年生的，为了免遭冷风袭击，长得很矮小，生长也缓慢。

泰米尔半岛的大部分下层土都是永冻土，最厚的冻土层深达 1310 米。冬季，泰米尔半岛所有土壤都变成坚硬的冻土；夏季，最上层的土壤化成薄薄的湿土，使植物能在此扎根、生长。在泰米尔半岛最北面，湿土层只有 150~300 厘米厚，但是越往南，湿土层越厚，最厚可达 3 米，即使是桦树和落叶松等植物也很难生长。泰米尔半岛有许多地方是龟裂冻原，这是一种由垄起的土埂把沼泽和

猛犸化石

漫长的地貌变化

小湖割成不规则蜂窝状的特殊地貌，是由于冰冻和解冻不断循环造成地面开裂形成的。在裂缝中逐渐形成的冰楔产生强大压力，使这里的地面凸起成垄，而解冻的泥土和融化的冰则随之沿坡而下聚成湖沼。

在泰米尔半岛的冻原上，有时可以发现早已绝种的长毛猛犸的骨骼和长牙。几世纪来，西伯利亚人将从冻土中挖出猛犸的长牙卖给象牙商。

你知道吗

猛犸

猛犸，古脊椎动物，哺乳纲，长鼻目，真象科，最著名的种类是真猛犸象，即长毛象。猛犸的生活年代约1.2万年前，源于非洲，早更新世时分布于欧洲、亚洲、北美洲的北部地区，可以适应草原、森林、冻原、雪原等环境。少数种类如真猛犸象披有长毛，有一层厚脂肪可防寒，夏季以草类和豆类为食，冬季以灌木、树皮为食，以群居为主。

肩高4米的猛犸曾活跃在欧亚大陆北部和北美洲，其牙长达1.5米，约在1.2万年前灭绝。不少猛犸的遗骸——包括完整的猛犸尸体保存在永久冻土中，主要在西伯利亚。一具几乎完整无损的猛犸尸体是1799年由一名找象牙者在利纳半岛发现的，1803年完全挖掘出来，交给科学家进行研究。

贝兰加高原是泰米尔半岛的脊梁，高约1500米。在贝兰加高原的南缘，是泰米尔湖。这是北极最大的湖泊，但深度只有3米左右。春季，泰米尔湖里注满融水，夏季有3/4的水流入河流，冬天全部冻结。泰米尔湖岸是麝牛和驯鹿的栖息地，旅鼠则在苔藓下面打洞穴居，它们是北极狐和雪鸮的主要食物。狼也在此出没，主要捕食驯鹿和麝牛。

许多动物入冬就向南迁徙到较为温暖的地方，鸟类亦然。夏季，泰米尔半岛的湖泊和小岛成了红胸雁等水鸟筑巢产卵的理想场所。在西伯利亚西部，沼泽洼地一直从鄂毕河延伸到乌拉尔山脉，稀有的西伯利亚鹤就在鄂毕河下游度过夏天。

埃特纳火山

　　埃特纳火山是意大利著名的活火山，也是欧洲最高的火山，位于意大利南部的西西里岛，海拔高度约 3300 米。埃特纳火山下部是一个巨大的盾形火山，上部为 300 米高的火山渣锥。由于埃特纳火山处在几组地层断裂的交汇部位，一直活动频繁，是有史以来喷发历史最为悠久的火山，其喷发史可以上溯到公元前 1500 年，到目前为止已喷发过 500 多次。

　　粗看起来埃特纳火山与一般的山峰没什么两样，因其海拔较高，山顶还有不少积雪。但仔细看就会发现，地下的火山灰就像铺了一层厚厚的炉渣，凝固的熔岩随处可见。站在埃特纳火山之巅，人们能感觉到脚下的火山正在微微地颤抖，好像随着脉搏一起跳动，这就是典型的火山性震颤。据当地火山监测站人员观测发现，每日午后两点左右，埃特纳火山震颤达到最高峰。埃特纳火山上还不时地发出沉闷的声响，那是气体喷出的声音。埃特纳火山的热度会通过地表传到人的脚上，使人觉得脚底也是温热的。

埃特纳火山

　　在埃特纳火山口的侧壁上，还可以清楚地看见一个直径两三米的大圆洞，形状很规则，就像是人为挖的洞一样，里面还不时地逸出气体。埃特纳火山上遍布着各种大小的喷气孔，硫质气味很浓，喷气孔旁边常有淡黄色的硫黄沉淀下来。埃特纳火山顶上还分布着几条大裂缝，宽 20～50 厘米，可能是地

漫长的地貌变化

下岩浆上隆时，地表发生变形造成的。这些现象都说明埃特纳火山的活动性是很强的。一阵风吹来，埃特纳火山喷出的有毒气体就迅速弥漫开来，一阵浓浓的硫黄味飘过，浓烟很快就会包裹了山上的一切，使人胸闷、窒息。

埃特纳火山被称为世界上爆发次数最多的火山，有文献可以证明的第一次爆发发生在公元前475年，距今已有2400多年的历史。它至今已爆发500多次，1699年的一次爆发，使滚滚熔岩冲入卡塔尼亚市，使整个城市成为一片火海，两万多人因此丧生。

19世纪以来，埃特纳火山的爆发更为频繁，1852年8月的爆发是规模较大的一次。埃特纳火山连续喷射了372天，喷出的熔岩达100万立方米，摧毁了附近几座市镇。1979年起，埃特纳火山的喷发活动持续了3年，其中1981年3月17日的喷发是近几十年来最猛烈的一次，从海拔2500米的东北部火山口喷出的熔岩夹杂着岩块、火山灰等，熔岩以每小时约1000米的速度向下倾泻，覆盖了一大片的树林和广阔的葡萄园，吞没了数百间房舍。此后埃特纳火山在1987年、1989年、1990年、1991年、1992年和1998年多次爆发。

2001年，熔岩从埃特纳火山的喷口中流出，流向附近地区。埃特纳火山最近的一次爆发则是在2002年10月下旬，顶端的火山口中，喷起含有火山灰的烟柱。据统计，自埃特纳火山首次喷发以来，累计造成的死亡人数已达100万。由于它是活火山，火山口始终冒着浓烟。入夜，埃特纳火山孔道里的熊熊烈火映照在烟云上，十分壮观。埃特纳火山每次爆发时，来自欧洲各国乃至世界各地的游客，难以计数。

尽管埃特纳火山给当地居民的生命财产造成了巨大威胁，但火山喷吐出来的火山灰铺积而成的肥沃土壤，为农业生产提供了极为有利的条件，以致该地区人口稠密、经济兴旺。埃特纳火山海拔900米以下的地区，多已被垦殖。这里广布着葡萄园、橄榄林、柑橘种植园和栽培樱桃、苹果、榛树的果园。由当地出产的葡萄酿成的葡萄酒更是远近闻名。而在埃特纳火山海拔900～1980米的地区为森林带，林木葱绿，有栗树、山毛榉、栎树、松树、桦树等，也为当地提供了大量的木材。埃特纳火山海拔 1980 米以上的地区，则遍布着沙砾、石块、火山灰和火山渣等火山堆积物，只有稀疏的灌木及藻类。这里也有一些地方终年积雪。古时候，这些雪被人们收集起来，运输到那不勒斯和罗马销售，供制造雪糕之用。当地人把它视作是比葡萄酒更重要的商品。现在人们不断与火山进行斗争，通过改变岩浆的流向，将埃特纳火山对居民的破坏降低到最小。

埃特纳火山下的葡萄园

维苏威火山

　　维苏威火山是意大利乃至全世界最著名的火山之一，位于那不勒斯市东南，海拔 1281 米。维苏威火山在历史上多次喷发，最为著名的一次是公元 79 年的大规模喷发，灼热的火山碎屑流毁灭了当时极为繁华的拥有两万多人口的庞贝古城，其他几个有名的海滨城市如赫库兰尼姆、斯塔比亚等也遭到严重破坏。直到 18 世纪中叶，考古学家才把庞贝古城从数米厚的火山灰中挖掘出来，那些古老的建筑和姿态各异的尸体都完好地保存着，这一史实已为世人熟知，庞贝古城至今仍是意大利著名的游览胜地。

　　今天，如果我们到维苏威火山口的边沿去观察，很难想象到公元 79 年的那次巨大的灾难就是从这个火山口降临到周围地区的。从维苏威火山口里冒出来的几缕蒸汽只是极有限地向我们透露着一点火山仍然生存着的迹象。

　　目前，维苏威火山正处在爆发结束以后一个新的沉寂期。如果按照它以

漫长的地貌变化

往的记录推算的话，维苏威火山的下一个活跃期距离我们今天还相当遥远。但是，大自然的活动有时并不严格遵循某种规则，说不定什么时候就会有一股热流从火山口冲出地面。虽然出现这种现象的可能性并不大，但也绝非不可能。

从高空俯瞰维苏威火山的全貌，那是一个漂亮的近乎圆形的火山口，正是公元79年那次大喷发形成的。维苏威火山并不太高，走在火山渣上面，脚底下还发出沙沙的声音。由于维苏威火山一直很活跃，因此后期形成的新火山上一直没有长出植被，看起来有点秃。而早期喷发形成的位于新火山外围的苏玛山上已有了稀疏的树木。站在维苏威火山口边缘上可以看清整个火山口的情况。该火山口深100多米，由黄、红褐色的固结熔岩和火山渣组成。从熔岩和火山灰的堆积情况还可看出维苏威火山经历了多次喷发，熔岩和火山灰经常交替出现。尽管自1944年以来维苏威火山没再出现喷发活动，但平时维苏威火山仍不时地有喷气现象，说明火山并未"死去"，只是处于休眠状态。

维苏威火山

维苏威火山地区最让人神往的莫过庞贝古城了。公元前50年，著名的古希腊地理学家斯特拉博内提出假说，断定维苏威地区的岩石为火成岩，但他却没有发现火山再次进入活跃期的任何征兆。甚至在公元62年一场大地震肆虐维苏威地区之后，人们还仍然认为维苏威山是一座宁静的平顶山峰。公元79年8月初，维苏威火山周围的地区又发生了多次震颤。与此同时，数口水井干涸了，泉水停止了涌动，所有这些都在表明地球内部的压力在升高。

8月20日，这一地区发生了一次震级不高的地震。马和牛群表现得兴奋异常、惊慌不安，鸟却出奇的安静。一些对公元 62 年的地震还记忆犹新、心存恐惧的人们纷纷收拾起财物，开始向安全地带撤离。他们走得再及时不过了。

8 月 23 日夜晚或 24 日清晨，火山灰开始从火山口溢出，下风处的地上铺上了薄薄一层火山灰。刚发生的一切看上去似乎仍无大碍。但是，在下午 1 点钟左右，火山这只恶魔开始显露出狰狞的面目。随着巨大的爆裂声，火山口的底部像一个封住固体岩浆的塞子，在巨大的压力下终于再也承受不住，被撕成碎块冲上天空。维苏威火山变成了一门巨大的、炮口冲天的火炮，熔岩以大约两倍声速的速度向大气层喷射。在冲上天空的过程中，它们被粉碎成小颗粒，冲击势头也渐渐减弱下来，扩散成一个大云团，被气流带往东南方向。维苏威火山所在地的庞贝和斯塔比亚即将遭受岩屑和碎石的暴雨般的袭击。

> **广角镜**
> **地　震**
>
> 地震是一种自然现象，是地壳快速释放能量过程中造成的震动，期间会产生地震波。地震常常造成严重人员伤亡，能引起火灾、水灾、有毒气体泄漏、细菌及放射性物质扩散，还可能造成海啸、滑坡、崩塌等次生灾害。地震活动在时间上具有一定的周期性，表现为在一定时间段内地震活动频繁，强度大，称为地震活跃期；而另一时间段内地震活动相对来讲频率少，强度小，称为地震平静期。

30 多千米之外，在海湾另一端的米塞纳海港，一位受惊的年轻人目睹了这次火山爆发。这位少年历史上称为小普林尼，当时他正和母亲一道来到米塞纳拜访他的叔父老普林尼。按照他的记述，云团在火山爆发的第一阶段酷似一棵松树，先是升腾到天空，像树干一样，然后从顶端发散出分叉，颜色时白时黑，黑白相间，好似含有尘土和火山渣。与此同时，维苏威火山东南方向的海岸和丘陵地带已变成一个恐慌的世界。随高空气流而至的云团覆盖了庞贝和附近的庄园，将它们笼罩在一片黑暗之中，接踵而至的是无休止的岩屑雨，这些岩石小的还不及米粒，大一些的则似拳头，这些岩屑是一种气体释放后形成的多孔的、重量较轻的石头，但大约 10% 是实心石头。尽管落

漫长的地貌变化

下来的大部分是浮石，由于下降速度很快，这些较重的抛射物使不少人丧生。火山灰在这一地区飘落了几天之久，致使庞贝的大部分地方从人们的视野中消失。该火山最后一次喷发释放出的火山灰几乎覆盖了所有剩余的一切，掩盖了城市痛苦不堪的最后挣扎。

根据测算，这次火山爆发持续了30多个小时，喷发到地面的物质大约有3立方千米。"庞贝爆发"在我们所知道的火山爆

重见天日的庞贝古城

发中占有重要的地位，当然也是人口稠密区最大的火山爆发。直到18世纪初期考古挖掘以前，庞贝是在地面上被勾销了的古城。

乞力马扎罗山

乞力马扎罗山位于坦桑尼亚的东北部。乞力马扎罗山海拔5800多米，是非洲第一高峰，素有"非洲屋脊"之称。它在辽阔的热带绿色草原上拔地而起，附近没有其他山峰，因此被称为"非洲大陆之王"，因为山顶终年冰雪覆盖，所以又有"赤道雪峰"之称。乞力马扎罗山四周都是山林，那里生活着众多的哺乳动物，其中一些还是濒于灭绝的种类。

乞力马扎罗山有两个主峰，一个叫基博，另一个叫马文济。两峰之间由一个10多千米长的马鞍形的山脊相连。远远望去，乞力马扎罗山是一座孤单耸立的高山，在辽阔的东非大草原上拔地而起，高耸入云，气势磅礴。它雄伟的蓝灰色的山体同其白雪皑皑的山顶一起，赫然耸立于坦桑尼亚北部的半荒漠地区，如同一位威武雄壮的勇士守卫着非洲这块美丽富饶的大陆。

乞力马扎罗山是一座至今仍在活动的休眠火山。基博峰顶有一个直径2400米、深200米的火山口，口内四壁是晶莹无瑕的巨大冰层，底部耸立着巨大的冰柱，冰雪覆盖，宛如巨大的玉盆。

乞力马扎罗山实际上有三座火山，通过一个复杂的喷发过程把它们连接在一起。最古老的火山是希拉火山，它位于主山的西面。它曾经很高，是伴随着一次猛烈的喷发而坍塌的，现在只留下高3810米的高原。第二古老的火山是马文济火山，它是一个独特的山峰，附属于最高峰的东坡，乍看它似乎比乞力马扎罗峰毫不逊色，但它隆起的高度只有5334米。

乞力马扎罗山

三座火山中最年轻、最大的是基博火山，它是在一系列喷发中形成的，并被约2000米宽的破火山口覆盖着。在相继的喷发中，破火山口内发育了一个有火山口的次级火山锥，在稍后的第三次喷发期间，又形成了一个火山渣锥。于是基博火山巨大的破火山口构成的扁平山顶，成了这座美丽的非洲山脉的特征。

关于乞力马扎罗雪峰的形成，有许多传说。一种传说是，这里曾发生过天神与恶魔的激战。恶魔从山内点燃大火，烟雾腾腾，火光冲天。天神针锋相对，用暴雨将大火浇灭，终于战胜恶魔。从此，乞力马扎罗山戴上了洁白的雪冠。

乞力马扎罗山的顶部是永久冰川。这是极不寻常的，因为该山位于赤道之南仅3度处，但近来有迹象表明这些冰川在后退。乞力马扎罗山顶的降水量一年仅200毫米，不足以与融化而失去的水量保持平衡。有些科学家认为该火山正在再次增温，加速了融冰的过程。而另一些科学家则认为，这是因为全球升温的结果。无论是什么引起的，乞力马扎罗山的冰川现在比上个世

漫长的地貌变化

纪缩小了是没有争议的。如果这种情况保持不变的话，乞力马扎罗山的冰帽到 2200 年将消失。

为保护乞力马扎罗山的独特地貌和珍稀物种，人们于 1968 年建立了乞力马扎罗国家公园。乞力马扎罗国家公园在海拔 1800 米到乞力马扎罗峰之间，面积 756 平方千米。乞力马扎罗国家公园的景色丰富多彩，海拔 1000 米以下是莽莽苍苍的热带雨林，海拔 2900 米以上是高山灌木和草丛，雪线以上是苔原和冰原。乞力马扎罗国家公园内栖息着大象、疣猴、阿拉伯羚、大角斑羚等多种野生动物。

乞力马扎罗山脚下种植着大片的咖啡和香蕉，再往上就是森林

疣 猴

了，每年充足的降水为林木的生长提供了足够的水分。在乞力马扎罗山上，蕨类植物能长到 6 米多高，而一些落叶林则常常高达 9 米多。海拔 2740 米以上，林木渐少，此处的主要植物是草类和灌木，有时会看到大象在草地上漫步。在海拔 3900 米处，恶劣的气候使得林木以及草类无法生长，这里主要生长着地衣和苔藓。穿过这些生物带就是乞力马扎罗山的主峰。

埃里伯斯火山

埃里伯斯火山是地球上已知区域最南端的一座火山。它终年和冰雪相伴，喷发景象令人胆战心惊，是南极洲上的一座活火山，在罗斯海西南的罗斯岛

上。埃里伯斯火山 1900 年和 1902 年都曾有过喷发活动，喷火口宽约 800 米，深 300 米，四壁十分陡峭。埃里伯斯火山口内外都有随时活动的喷气孔。埃里伯斯火山另有两个熄灭的喷火口，硫黄储量很大。

南极洲仅 2% 的土地无长年冰雪覆盖，被称为南极冰原的"绿洲"，是动植物主要生息之地。南极"绿洲"上有高峰、悬崖、湖泊和火山。埃里伯斯火山就是"绿洲"上的一处火山。

1841 年 1 月，英国探险家詹姆斯·克拉克·罗斯率领一支探险队，乘坐"埃里伯斯"号考察船到南极探险。他们在南极圈以南的一个岛上发现了一座火山，便把岛屿命名为罗斯岛，把火山叫作埃里伯斯火山。

埃里伯斯火山

罗斯岛上的埃里伯斯火山是著名的活火山。埃里伯斯火山上有很多喷气孔，蒸汽喷出不久就冷凝，冻成形态各异的蒸汽柱。这个活火山口喷出的含硫烟雾，会把熔岩像炮弹一样射向半空。埃里伯斯火山终年和冰雪相伴，它不时喷出的烟雾，似乎在向世人展示着它的活力与激情。

埃里伯斯火山处在南纬 77 度 35 分，东经 167 度 10 分的冰雪之乡，是地球最南端的火山。埃里伯斯火山的海拔高达 3743 米，基座直径约 30 千米，山体和日本的富士山相似，主火山口呈椭圆形，直径 500～600 米，深约 100 米，四壁陡峭，里面有一个已经形成多年的熔岩湖。埃里伯斯火山主火山口西南侧，有个钵状的侧火山口。因为这里地热无雪，躺在地上可享受到沙浴的乐趣。埃里伯斯火山南侧的火口边缘，有个喷气孔徐徐喷出蒸汽。在南极严寒的条件下，蒸汽凝结成了高达数米的冰塔；冰塔又被继续喷出来的蒸汽穿透成一个个冰洞；蒸汽又沿着冰洞上升，在冰洞中凝成了一簇簇美丽的冰

漫长的地貌变化

花，构成了一幅美丽的大自然图画。

如果说水火不相容的话，那么冰火就更不相容了。然而在南极洲，冰川和火山却同时存在，这听起来似乎有点不可思议。冰是凝固的、静止的、寒冷的、死寂的。火山却是活跃的、奔放的、充满活力和炽热的，于是在南极形成了对比鲜明、反差强烈的冰和火的世界。

南极洲上除了"绿洲"以外，还有几处没有被冰雪覆盖之地。南极洲绝大部分土地为冰雪覆盖，在这一望无际的雪原中，有一个神奇的无冰雪地带，它是3个巨大的盆地，四壁陡峭，由已消失的冰川切割而成，这就是干谷。在干谷，很少下雪，年降雪量只相当于25毫米的雨量。这么少量的雪不是被风吹走，就是被岩石吸收的太阳热量融化掉了。因此，干谷内没有半片雪花，和四周形成强烈的对比。1910～1912年，英国人斯科特率领探险队探察南极，队员泰勒看到一个干谷后，形容那是"一个光秃秃的石谷"，该谷后来即以他的姓氏命名，这就是泰勒谷。另外，还有两个干谷——莱特谷和维多利亚谷，它们各有一些奇特的咸水湖。这些干谷边坡陡峭，呈"U"形，由冰川刻蚀而成，现在冰川早已融化。干谷范围很大，呈褐色或黑色，无植物生长，故被形容为"赤裸的石沟"。动植物能长时间地保存在干谷的干冷空气中，正如肉能冷藏在冰箱里不变质一样。在干谷里散布着被保存下来的海豹尸体，它们可能死于数百年，甚至数千年前。

干 谷

漫长的地貌变化

浩瀚的沙海

地球上沙漠分布非常广泛,仅仅中国沙漠总面积就约有 70 万平方千米,如果连同 50 多万平方千米的戈壁在内,总面积约为 128 万平方千米,占我国陆地总面积的 13%。

本章重点地向您介绍浩瀚的沙海世界,主要包括塔克拉玛干沙漠、撒哈拉沙漠以及岩塔沙漠等。希望通过本章的学习,能够让你了解更多的关于沙漠的知识。愿您在沙海的世界里恣意的畅游!

漫长的地貌变化

罗布泊

罗布泊在新疆若羌县境内东北部，位于塔里木盆地东部，地处古代丝绸之路的要冲，为古代东西交通必经之地，沿岸至今还保存不少古迹。罗布泊曾是我国第二大内陆湖，海拔780米，面积2400～3000平方千米。罗布泊曾有过许多名称，有的因它的特点而命名，如坳泽、盐泽、涸海等，有的因它的位置而得名，如蒲昌海、牢兰海、孔雀海等。

古罗布泊形成于第三纪末、第四纪初，距今已有200万年的历史，在新构造运动影响下，湖盆自南向北倾斜抬升，分割成几块洼地。现在的罗布泊是位于北面最低、最大的一个洼地，曾经是塔里木盆地的积水中心。古代发源于天山、昆仑山和阿尔金山的河流，源源注入罗布泊洼地形成湖泊。

罗布泊

泛指的罗布泊为罗布泊荒漠地区，东起玉门关，西至若羌至库尔勒的沙漠公路，北起库鲁克塔格山脉，南至阿尔金山脚下，跨越了新疆和甘肃两省区地界。由于人们习惯使用泛指的罗布泊概念，离库尔勒数千米的戈壁就被列入罗布泊范围了。狭义的罗布泊指该地区于20世纪70年代干涸的中国最大的漂移湖，位于该地区中心位置，也是最低洼地区。现在该地区虽为干涸湖盆，湖底面积仍有1200多平方千米，呈椭圆形，因为逐年干涸，形似大耳朵。

遍布罗布泊地区的雅丹，亦称雅尔当，原是当地人对险峻山丘的称呼。

19世纪末至20世纪初,瑞典人斯文·赫定和英国人斯坦因,先后来罗布泊地区考察,在他们的撰文中提到"雅丹"一词,于是雅丹便成为世界地理工作者和考古学家通用的地形术语。

在当地古老的传说中,往往把雅丹称作"龙城"。因罗布泊周围发育着典型的雅丹地形,似龙像城而得名。相传遥远的年代,罗布泊附近有个国家,百姓们衣不遮体,食不果腹,而国王却花天酒地。玉皇大帝得知此事,便扮作和尚下凡"化缘"。昏庸无道的国王仅施舍给他一点盐巴。玉皇大帝大怒,调来盐泽水,淹没了这个国家,水退后出现了"龙城"。元代,意大利旅行家马可·波罗来过罗布泊地区,他在文中写道:"沿途尽是沙山沙谷,无食可觅。"每当月白风清之夜,宿营"龙城"中,颇觉眼前景物,不是古城,胜似古城。分布在罗布泊荒漠北部的风蚀土堆群,面积达2600多平方千米。由于罗布泊地区常年风多风大,日久天长,土台星罗棋布。土台变幻出各种姿态,时而像一支庞大的舰队,时而又像无数条鲸在沙海中翻动起舞,时而又像座座亭台楼阁,时而又像古城寨堡。置身于扑朔迷离、深邃的土台群中,满目皆是神秘、奇特、怪异的"亭台楼阁",使人浮想联翩,流连忘返。

罗布泊被称为游移湖或交替湖。事实上,所谓罗布泊游移,只是塔里木河尾端位置的变动,湖盆本身并不游移。在封闭性的内陆盆地平原地区,河流下游经常自然改道。改道后的河流终点形成新湖泊,旧湖泊则逐渐干涸,成为盐泽。地质构造上,塔里木盆地东端是凹陷区,

拓展阅读

塔里木河

塔里木河由发源于天山的阿克苏河、发源于喀喇昆仑山的叶尔羌河以及和田河汇流而成,流域面积19.8万平方千米,最后流入台特马湖。它是中国第一大内流河,全长2179千米,仅次于伏尔加河、锡尔-纳伦河、阿姆-喷赤-瓦赫什河和乌拉尔河,为世界第5大内流河。

整个凹陷可称为罗布泊洼地,罗布泊湖盆就在这个洼地上。塔里木河以罗布泊洼地为最后归宿。罗布泊形成于第三纪末、第四纪初,以后东侧地壳上升,湖水向西移动,湖盆东侧遗留下数条痕迹,湖水虽随地势变化而移动,但并未越出湖盆范围,故游移之说并不恰当。另外,罗布泊洼地自古以来即为人烟稀少地区,新湖泊形成后,无法随时命以固定的新名,而均沿用老湖名。实际上,汉唐以来的古书中均将塔里木河终点形成的湖泊,称为蒲昌海、盐泽或牢兰海;17世纪以来则称罗布淖尔或罗布泊。上述情况说明,并非湖泊本身游移或交替,而为老名新用或地名搬家。

罗布泊"龙城"

乌尔禾魔鬼城

  乌尔禾魔鬼城位于我国新疆准噶尔盆地西北边缘的佳木斯河下游的乌尔禾矿区,西南距克拉玛依市100千米。这里有着罕见的形状怪异的风蚀地貌,当地人称其为乌尔禾魔鬼城。乌尔禾魔鬼城不仅因为它特殊的地貌形同魔鬼般狰狞,而且源于狂风刮过此地时发出的声音有如魔鬼般令人毛骨悚然,这种特殊的地质面貌就是雅丹地貌。

  新疆的魔鬼城有多处,大多处于戈壁荒滩或沙漠之中,其中较为著名的有四座,即乌尔禾魔鬼城、奇台魔鬼城、克孜尔魔鬼城、哈密魔鬼城。乌尔禾魔鬼城处在佳木斯河下游,正对着西北方由成吉思汗山与哈拉阿拉特山夹峙形成的峡谷风口,其神奇地貌是在间歇洪流冲刷和强劲风力侵蚀的共同作用下形成的。

远眺乌尔禾魔鬼城，宛若中世纪的一座古城堡，但见堡群林立，参差错落，给人以苍凉恐怖之感。乌尔禾魔鬼城是赭红与灰绿相间的白垩纪水平砂泥岩和遭流水侵蚀与风力旋磨、雕刻形成的各类风蚀地貌形态的组合，有平顶方山、块丘、石墙、石笋、石兽、石人、石鸟、石鱼、石龟、石巷、石堡、石殿、石亭、石蘑菇……形态万千，变化不一。

据考察，约1亿年前的白垩纪时期，这里是一个巨大的淡水湖泊，湖岸生长着茂盛的植物，水中栖息着乌尔禾剑龙、蛇颈龙、准噶尔翼龙和其他远古动物。经过两次大的地壳变动后，湖泊变成了充满砂岩和泥板岩的陆地瀚海，地质学上称之为"戈壁台地"。20世纪60年代，地质工作者在这里发掘出一具完整的翼龙化石，从而使乌尔禾魔鬼城蜚声天下。

乌尔禾魔鬼城

乌尔禾魔鬼城地区奇石种类丰富，而且蕴藏量极大，除有动植物化石外，还有结核石、彩石、风凌石、泥石、玛瑙石、戈壁玉、方解石、结晶石、水晶石等。其中，五色玛瑙质植物化石、砂岩结核石、石英质彩石等在全国都颇有名气，特别是五色玛瑙质植物化石、砂岩结核石在其他地方尚未发现，绝无仅有，具有很高的考古、观赏、收藏价值。在这里起伏的山坡地上，布满着血红、湛蓝、洁白、橙黄的各色石子，更给乌尔禾魔鬼城增添了几许神秘色彩。

千百万年来，由于风雨剥蚀，乌尔禾魔鬼城的地面形成深浅不一的沟壑，裸露的石层被狂风雕琢得奇形怪状：有的龇牙咧嘴，状如怪兽；有的危台高耸，垛堞分明，形似古堡。这里似亭台楼阁，檐顶宛然；那里像宏伟宫殿，傲然挺立，真是千姿百态，令人浮想联翩。

漫长的地貌变化

> **知识小链接**
>
> **玛瑙石**
>
> 玛瑙石是指具有纹带构造的玉髓，是一种胶状矿物，其主要成分为二氧化硅。古代印度人看到玛瑙石的颜色和美丽的花纹很像马的脑子，就以为它是由马脑变成的石头，所以称它为"马脑石"。我国汉代以前称玛瑙为"琼"、"赤琼"、"赤玉"。后考虑到马脑石属玉石类，于是巧妙地译成玛瑙石。

乌尔禾魔鬼城属于典型的雅丹地貌。"雅丹"是地理学名词，专指干燥地区的一种特殊地貌。它的演变过程是沙漠里基岩构成的平台形高地内部有节理或裂隙，暴雨的冲刷使得裂隙加宽扩大，之后由于大风不断剥蚀，渐渐形成风蚀沟谷和洼地，孤岛状的平台小山则变为石柱或石墩。这种地貌是由三叠纪、侏罗纪、白垩纪的各色沉积岩组成的，日久天长就形成了这样绚丽多彩、姿态万千的自然景观。

五彩湾

五彩湾位于新疆吉木萨尔县城以北100余千米的古尔班通古特沙漠中，由五彩城、火烧山、化石沟组成。五彩湾地形起伏，奇峰怪石众多。五彩湾不但风光雄伟奇特，而且还是一座天然宝库，储藏着丰富的石油资源和大量的黄金、珍珠、玛瑙、石英等20多种矿产，在沙漠植被地带还栖居着野驴、石鸡等珍禽异兽。

五彩湾

五彩湾是受风力剥蚀、流水冲刷等自然力作用形成的一座座孤立的小丘。早在侏罗纪时代，这里沉积了很厚的煤层。由于地壳的强烈运动，地表凸起，那些煤层也随之露出地表。历经风蚀雨剥后，煤层表面的沙石被冲蚀殆尽。在阳光曝晒和雷电袭击的作用下，煤层大面积燃烧，形成了烧结岩堆积的大小山丘，加上各个地质时期矿物质的含量不尽相同，这一带连绵的山丘便呈现出以赭红色为主夹杂着黄白黑绿等多种色彩的绚丽景观。五彩湾的这些美丽的山包，其实不过是煤层燃烧后的一堆堆的灰烬。

基础小知识

地质时期

地质时期是指地球历史中有地层记录的一段漫长的时期。由于目前已经发现地球上最老的地层同位素年龄值约46亿年，因此，一般以46亿年为界限，将地球历史分为两大阶段，46亿年以前阶段称为天文时期或前地质时期，46亿年以后阶段称为地质时期。

五彩湾是由沉积了各种鲜艳的湖相岩层的数十座五彩山丘组成，像一座座诡秘的古堡，粗略估计，面积有十几平方千米。五彩湾中的五彩城随着一天中太阳光线和昼夜的变化，其色彩也随之变化，充满诗情画意。五彩城早、午、晚三个时段所展现的姿态各不相同，给人留下的感觉也是不一样的。

早晨，一轮红日从地面喷薄而出，射出一片孔雀尾状的金辉，蓝宝石一样的天空飘浮着一朵朵羽绒般的彩云，此刻五彩城就像一个出浴的圣女，秀雅而多姿。五彩城几个高高耸起的山丘，像带着十几种不同的彩带耸立在晨曦之中。

中午的五彩城炽热如火，仿佛整个世界的阳光都聚集在这里，山丘的色彩在阳光的威逼下变得淡化，仿佛一场熄灭了几万年的大火等待重新点燃。

黄昏，落日的余晖使那些本已淡化的色彩一下子强烈起来，五彩城也变得绚丽多彩。被晚霞描绘的天空就像一个温馨的彩罩，和五彩城融合在一起，使人恍若置身于美丽的梦境。夜色下的五彩城安详而静谧，一览无余的星空

漫长的地貌变化

下,五彩城浸润在一片如水的月光里,若隐若现的山头就像一片灰色的云烟,更增添了它的梦幻色彩。

化石沟是五彩湾的又一盛景,化石沟中分布着各种树木种子的化石、果实化石及各种动物化石。这是由于化石沟所在地区原为汪洋大海,岸边是茂密的原始森林,后来地壳几经变迁,大片森林和其他动植物被深埋地下,变成化石后露出地表,便形成了今天化石沟的面貌。

塔克拉玛干沙漠

塔克拉玛干沙漠古称"莫贺延迹",位于塔里木盆地中部,是中国最大的沙漠,总面积约30万平方千米,其中流沙便占总面积的85%,是世界第二大流动性沙漠。这里地形起伏很大,昼夜温差极大。在塔克拉玛干这片有待开垦的土地上,有以胡杨林为主的原始森林、种类繁多的沙漠植物和野生动物。

塔克拉玛干沙漠是何时形成的,科学界至今尚无统一的认识。虽然有学者曾经根据沉积地层中埋藏的古风沙进行了研究,但由于风成沙很难在地层中保存,即使发现零星的露头,也很难据此判断古沙漠形成的时间、规模、形态和古环境状况。白天,塔克拉玛干沙漠赤日炎炎,银沙刺眼,沙面温度有时高达70~80℃。旺盛的蒸发,使地表景物飘忽不定,沙漠旅人常常会看到远方出现朦朦胧胧的海市蜃

广角镜

海市蜃楼

海市蜃楼,简称蜃景,是一种因光的折射而形成的自然现象。海市蜃楼在平静的海面、大江江面、湖面、雪原、沙漠或戈壁等地方会偶尔出现。我国的广东澳角、山东蓬莱、浙江普陀海面上常出现这种幻景。海市蜃楼的种类很多:根据它出现的位置相对于原物的方位,可以分为上蜃、下蜃和侧蜃;根据它与原物的对称关系,可以分为正蜃、侧蜃、顺蜃和反蜃;根据颜色可以分为彩色蜃景和非彩色蜃景等。

楼。塔克拉玛干沙漠四周，沿叶尔羌河、塔里木河、和田河和车尔臣河两岸，生长发育着密集的胡杨林和怪柳灌木，形成"沙海绿岛"，沙层下有丰富的地下水资源和石油等矿藏资源。

干旱的河床遗迹几乎遍布于塔克拉玛干沙漠，湖泊残余则见于部分地区（如塔克拉玛干沙漠的东部等）。塔克拉玛干沙漠之下的原始地面是一系列古代河流冲积扇和三角洲所组成的冲积平原和湖积平原。塔克拉玛干沙漠北部大致为塔里木河冲积平原，西部为喀什噶尔河及叶尔羌河三角洲冲积扇，南部为源自昆仑山北坡诸河的冲积扇三角洲，东部为塔里木河、孔雀河三角洲及罗布泊湖积平原，沉积物都以不同粒径所组成的沙子为主，塔克拉玛干沙漠南缘厚度超过150米。在塔克拉玛干沙漠2~4米、最深不超过10米的地下，有清澈丰富的地下水。

塔克拉玛干沙漠

塔克拉玛干沙漠除局部尚未被沙丘所覆盖外，其余均为形态复杂的沙丘所占。塔克拉玛干沙漠流动沙丘的面积很大，沙丘高度一般在100~200米，最高达300米左右。沙丘类型复杂多样，复合型的沙山和沙垄，宛若憩息在大地上的条条巨龙；塔型的沙丘群，呈各种蜂窝状、羽毛状、鱼鳞状，沙丘变幻莫测。

塔克拉玛干沙漠有两座红白分明的高大沙丘，名为"圣墓

你知道吗

孔雀河

孔雀河亦称饮马河，传说东汉班超曾饮马于此。孔雀河是罕见的无支流水系，其唯一源头来自博斯腾湖，从该湖的西部溢出，流经库尔勒、尉犁县，终点为罗布泊，后因农业发展，在流经大西海子水库之后便季节性断流。

漫长的地貌变化

山"。它是分别由红砂岩和白石膏组成，由沉积岩露出地面后形成的。"圣墓山"上的风蚀蘑菇，奇特壮观，高约 5 米，巨大的盖下可容纳 10 余人。塔克拉玛干沙漠东部主要由延伸很长的巨大复合型沙丘链所组成，一般长 5～15 千米，最长可达 30 千米，宽度一般在 1～2 千米。沙丘的落沙坡高大陡峭，迎风坡上覆盖有次一级的沙丘链。丘间地宽度为 1～3 千米，延伸很长，但被一些与之相垂直的低矮沙丘所分割，形成长条形闭塞洼地，有沮洳地和湖泊等分布其间。塔克拉玛干沙漠东北部湖泊分布较多，但往沙漠中心则逐渐减少，且多已干涸。塔克拉玛干沙漠中心东经 82～85 度和沙漠西南部主要分布着复合型的纵向沙垄，延伸长度一般为 10～20 千米，最长可达 45 千米。金字塔状的沙丘分布得或成孤立的个体，或成串状组的狭长而不规则的垄岗。塔克拉玛干沙漠北部可见高大弯状沙丘，西部及西北部可见鱼鳞状沙丘群。

在我国最长的内陆河塔里木河河畔，分布着世界最大的原始胡杨林。全世界胡杨林有 10% 在中国，而中国的胡杨林有 90% 在塔里木河河畔。胡杨远在 1.35 亿多年前就出现了，被称为"第三纪活化石"，是世界上最古老的一种杨树。胡杨树以"生而不死一千年，死而不倒一千年，倒而不朽一千年"的强大生命力，赢得了人们的敬仰。

胡 杨

浩瀚的沙海

沙漠中的翡翠

从飞机上鸟瞰沙漠中的绿洲，好像在一块黄棕色的地毯上，镶嵌着一颗颗翡翠宝石。的确，沙漠里的绿洲使人神往。长期跋涉在干热荒凉的沙漠上的行人，看到绿洲的时候，该是多么高兴啊！在绿洲里，有潺潺的水流，有肥沃的土壤，有嫩绿的草地，有葱茏的树木，有各种各样的鸟兽。在绿洲里，居住着勤劳的人民，耕种着连片苍翠的农作物，饲养着无数膘肥体壮的牲畜。总之，富饶的绿洲与荒凉的沙漠，成了鲜明的对比。

沙漠里的绿洲是怎样形成的呢？形成绿洲的基本条件是水。有水，才能够生长出葱茏的树木；有水，才能够滋润那嫩绿的草地；有水，才能够引进各种鸟兽。有水，才能形成绿洲！

那么，沙漠中从哪里来的水呢？产生绿洲的水源，一种来自河水，一种来自泉水。在沙漠中河流虽然很少，但河流对于浩瀚无垠的沙漠，却有着巨大的作用。在白雪皑皑的高山上，当温暖季节来临的时候，冰雪融化了，大量的水流汇集在一起，沿着河床奔流，河水润湿了两岸的土壤，给各种各样的植物以生

沙漠里的绿洲

长、发展的条件，天长日久，就出现了连接成串的绿洲。如非洲利比亚的特萨瓦、木祖克、特腊甘、祖伊拉、特迈萨、富加等一系列居民点，就是撒哈拉沙漠中一条间歇河沿岸分布的一串绿洲。又如我国塔克拉玛干沙漠上的车尔臣河两岸，也分布着且末、塔他浪、阿克塔孜、阿拉尔吉、罗布庄等一系列著名的绿洲。

漫长的地貌变化

泉水，就是指涌出地表来的地下水。沙漠的表面干燥，但地下水还是很多的。因为沙漠地表土质疏松，雨水、融雪水、河水都很容易渗透到地下而成为地下水。同时，每当夜晚温度降低时，沙漠地区空气里的水蒸气也常常会凝结成水，渗入地下，从而不断地补充地下水。这些地下水在沙漠底下的不透水层上面静静地流动，当它流到一些地势较低的地方又涌出地表来，成为泉水。泉水润湿了土壤，滋长了植物，使沙漠逐渐发展出绿洲。如非洲埃及的锡瓦绿洲、阿尔及利亚的古拉拉绿洲，大洋洲的卡内吉绿洲等，都产生在泉水潺潺的洼地上。

拓展阅读

撒哈拉沙漠

撒哈拉沙漠约形成于250万年前，乃世界第二大荒漠，仅次于南极洲，是世界最大的沙质荒漠。它位于非洲北部，气候条件非常恶劣，是地球上最不适合生物生存的地方之一。它的总面积约容得下整个美国本土。

猞猁

绿洲的自然景色，在不同纬度带的沙漠上有些不一样。分布在中亚以及我国西北等地区的沙漠，属于温带沙漠。这些沙漠上的绿洲，自然景色很像温带草原或温带阔叶林。那里除了遍地是肥美的羽茅、野大麦、狐茅等牧草，以及榆树、胡杨、钻天杨、小叶杨、沙柳等树木以外，还生长了许多甘草、麻黄、防风、白芷、党参等重要药材，以及苹果、葡萄、杏、李等果树。在这些绿油油的植物丛中，常常出现成群的黄羊、高鼻羚羊与野兔等食草动

144

物，偶尔也可以见到一些狼、狐狼或猞猁等食肉兽类。此外，那些百灵鸟、波斑鸨等鸟类，有的停留在枝头上，有的穿插飞翔，把这些绿洲构成一幅幅美妙的图画。

分布于北非和南非、西亚南部与南亚，以及大洋洲等低纬度地区的沙漠，是热带或亚热带沙漠。那里的绿洲，景色与热带草原差不多。须芒草是那儿的主要牧草，粗大而能储水的猴面包树、果实累累的椰枣树点缀其中，草地上来回奔跑的斑马、羚羊以及长颈鹿，树丛中吵吵嚷嚷的各种猿猴及鸟类，都使这些绿洲的景色更加多姿多彩。

拓展阅读

百灵鸟

百灵鸟是草原的代表性鸟类，属于小型鸣禽。在广袤无垠的大草原上，蓝天白云之下，绿草如茵，茫茫无际。苍穹之下，常常此起彼伏地演奏着连音乐家都难以谱成的美妙乐曲，那就是百灵鸟儿们高唱的情歌。百灵鸟从平地飞起时，往往边飞边鸣，由于飞得很高，人们往往只闻其声，不见其踪。

岩塔沙漠

岩塔沙漠位于澳大利亚西部的西澳大利亚州首府珀斯以北约250千米处，在临近澳大利亚西南海岸线的楠邦国家公园内。这片沙漠十分荒凉，人迹罕至。岩塔沙漠中林立着无数塔状孤立的岩石，故而得名。形态各异的岩塔，遍布于茫茫的黄沙之中，景色壮观，使人感觉神秘而怪异。有人形容这种景象为"荒野的墓标"，让人感到世界末日的来临。这里地形崎岖，地面布满了石灰岩，只有越野汽车可驶到那里。

暗灰色的岩塔高1~5米，矗立在平坦的沙面上。往岩塔沙漠腹地走去，岩塔的颜色由暗灰色逐渐变成金黄。有些岩塔大如房屋，有些则细如铅笔。

漫长的地貌变化

岩塔数目成千上万,分布面积约 4 平方千米。岩塔的形状各不相同,有的表面比较平滑,有的像蜂窝,还有的酷似巨大的牛奶瓶放在那里,等待送奶人前来收集。其他岩塔的名字也都名如其形,例如叫"骆驼"、"大袋鼠"、"臼齿"、"门口"、"园墙"、"印第安酋长"或者"象足"等。虽然这些岩塔已有几万年的历史,但肯定是近代才从沙中露出来的。在 1956 年澳大利亚历史学家特纳发现它们之前,外界似乎对此一无所知,只是口头流传着。早期的荷兰移民曾经在这个地区见过一些他们认为是类似城市废墟的东西。

19 世纪,从来没有人提及过这些岩塔。如果它们露出地面,肯定会被牧人发现。因为他们经常在珀斯以南沿着海岸沙滩牧牛,附近的弗洛巴格弗莱脱还是牧人常去休息和饮水的地方。

1837~1838 年,探险家格雷在其探险途中曾从这个地区附近经过。他每过一地,必详细记下日记。但在他的日记中没有关于岩塔的记载。

岩塔沙漠

科学家估计这些岩塔的历史有 25 000~30 000 年。肯定在 20 世纪以前至少露出过沙面一次。因为人们在有些石柱的底部发现贝壳和石器时代的制品。贝壳用放射性碳测定,大约有 5000 年的历史。这些尖岩可能在 6000 多年前已被人发现。但是这些岩塔后来又被沙掩埋了数千年,因为在当地土著人的传说中没有提到过这些岩塔。

1658 年,曾在这一带搁浅的荷兰航海家李曼也没有提及它们,只是在他的日记中提到两座大山——南、北哈莫克山,都离岩塔不远。如果当时这些石灰岩塔露出沙面,李曼必定会记在他的日记里。沙漠上风吹沙移,会不断把一些岩塔暴露出来,又不断把另一些掩盖起来。因此,几个世纪以后,这些岩塔有可能再次消失。但它们的形象已经在照片中保存下来了。

　　这些岩塔是如何形成的呢？帽贝等海洋软体动物是构成岩塔的原始材料。几十万年前，这些软体动物在温暖的海洋中大量繁殖，死后，贝壳破碎成石灰沙。这些沙被风浪带到岸上，一层层堆成沙丘。最后，在冬季多雨，夏季干燥的地中海式气候下，沙丘上长满了植物。植物的根系使沙丘变得稳固，并积累腐殖质。冬季的酸性雨水渗入沙中，溶解掉一些沙粒。夏季沙子变干，溶解的物质结成水泥状，把沙粒粘在一起变成石灰石。腐殖质增加了下渗雨水的酸性，加强了胶黏作用，在沙层底部形成一层较硬的石灰岩。植物根系不断伸入这层较硬的岩层缝隙，使周围又形成更多的石灰岩。后来，流沙把植物掩埋，植物的根系腐烂，在石灰岩中留下了一条条隙缝。这些隙缝又被渗进的雨水溶蚀而拓宽，有些石灰岩风化掉，只留下较硬的部分。沙一被风吹走，就露出来成为岩塔。岩塔上有许多条沙痕，记录了沙丘移动时沙层的厚度及其坡度的变化。

基础小知识

石灰岩

　　石灰岩简称灰岩，是以方解石为主要成分的碳酸盐岩。有时石灰岩因为含有白云石、黏土矿物和碎屑矿物，会呈现灰、灰白、灰黑、黄、浅红、褐红等色。石灰岩硬度一般不大，与稀盐酸反应剧烈。

撒哈拉沙漠

　　撒哈拉沙漠，是世界上最大的沙漠，位于非洲北部，西临大西洋，东濒红海，北起阿特拉斯山麓，南至苏丹，东西4800千米，面积900多万平方千米。自古以来，撒哈拉沙漠这个孤寂的地区便拒绝人们生存于其中。风声、

漫长的地貌变化

沙动支配着这个壮观的世界。风的侵蚀、沙粒的堆积造成了这里极干燥的地表。

"撒哈拉"一词，阿拉伯语的原意是"广阔的不毛之地"，后来转意为大荒漠。撒哈拉沙漠水源贫乏，植物稀少，地势平缓，平均海拔高度约 300 米，中部有三大高原和海拔 3415 米的最高峰库西山。高原上布满了在过去潮湿气候时期流水形成的干河谷。高原的外围是大片的岩漠和砾漠，再向外是沙海，沙漠里点缀着寥若晨星的绿洲。

撒哈拉沙漠

在浩瀚的撒哈拉沙漠里，也有人间天堂——绿洲。绿洲是地下水出露或溪流灌注的地方。这里渠道纵横，流水淙淙，林木苍郁，景色旖旎，从高空鸟瞰，犹如沙海中的绿色岛屿。绿洲是撒哈拉沙漠地区人们经济活动的中心。绿洲的外围是棕榈林，林间空地是开垦的农田。田间种植各种农作物，最普遍的是枣椰树。枣椰树的果实椰枣甜美多汁，被用来做主食，树干用来搭房架，叶柄用来当柴火，叶子用来扎篱笆，叶子纤维用来制扫帚、篮子和水囊，树皮用来做绳索和骑垫。

撒哈拉沙漠中的棕榈林深处隐藏着村镇。这里的民房是土木结构，墙壁厚实，顶上用黄土垒平，屋里冬暖夏凉，既能防炎热，又能防沙暴。10 月是撒哈拉沙漠的黄金季节，是沙漠商队起程的好时光。撒哈拉沙漠的民间贸易全靠商队来沟通。一支商队大约由 10 个人和 100 峰骆驼组成。他们的目的地是绿洲。当他们来到绿洲后，宿营在绿洲的外面，当地穿红着绿的妇女和姑娘们，就背着椰枣和商队的小米进行易货交易。在撒哈拉沙漠里，盐几乎同黄金一样昂贵，商队把质量好的盐带回家乡出售，价格可以比原价高出十几倍，所以盐也是商队交换的一种主要商品。商队的到来，增添了绿洲集市的贸易气氛。

　　撒哈拉沙漠风沙盛行，沙暴频繁，尤其春季，是沙暴的高发季节。沙暴来临时，狂风怒吼，飞沙走石，霎时间天昏地暗，黄沙吞噬了大漠中的一切，交通被迫中断。几小时后，沙暴平息，街巷、广场、房舍，到处都是一层厚厚的沙尘。树林前缘，常堆起沙堆或沙丘。

撒哈拉沙漠中的棕榈林

可是天气特别晴朗，令人有"风过沙山分外明"的感觉。沙漠中的一切景物，好像比平时更为清晰。沙漠中的风暴，把碎石、沙子和尘土吹走，留下岩石裸露的地表，这里便成为岩漠。岩漠又称石漠，岩漠中常常可见到各种造型独特的地貌形态。

　　撒哈拉沙漠中的风力十分强劲，其威力之大往往出乎人们的意料。风能把岩石表面已经风化破裂的碎石和沙粒吹扬带走，扩大岩石中的裂纹、裂隙，加快风化的速度。同时，风挟带的碎石、沙子在岩石的上部和岩块之间的裂缝、沟槽中对岩壁进行磨蚀，使岩块逐渐被磨削而变细变形。磨蚀还能随着风力的大小，风向的转换，像能工巧匠一样，不断地变换它的雕琢手法，使岩石的各种造型更加精奇多姿、瑰丽壮观。风雕的造型千姿百态、惟妙惟肖。地面上堆积的沙粒被风刮走，留下了石块、石子，这里便成为砾漠，也就是人们常说的戈壁。戈壁滩上的砾石，白天受炽热的阳光不停地照射，连砾石裂缝间含有的一点水分也无法保存。但被水分溶解的一些铁锰之类的矿物质，却凝聚在砾石表面上，形成一层乌黑发亮的硬壳，使戈壁滩上一片漆黑，人们通常称其为"沙漠岩漆"。地表砾石经风沙的长期磨蚀，表面便形成与风向相同的磨光面，磨光面之间有一个明显的棱脊，这种砾石叫风棱石。由于风棱石的磨光面与常年风向一致，所以是戈壁滩上可靠的风向标。当地沉积的大量沙土，被风吹刮，细的尘土被吹走，沙子留下来，再加上风沙中挟带的沙子在这里沉积，这样就使地面上的沙子越积越多，从而形成沙海——一望无际的撒哈拉沙漠。

沙漠中的"天籁"与幻景

在利比亚沙漠上，有时可以听到一阵阵悠扬奇异的乐声，有时又可以听到轰轰震耳的巨响。这些声响，当地的人们把它称作神话传播者。我们在前文中介绍过的鸣沙山也是这种可以发出声音的沙漠。几年前，一位到过新疆塔克拉玛干沙漠调查的地理工作者说：有一天晚间，他们在一个百米上下的沙丘上宿营，忽然间，清晰地传来嗡嗡的声响，好像有人在拨弄琴弦，他们走出帐篷，仔细一听，原来是沙子向下滑动时发出的声音。于是，他们有意地将许多沙子掀动，让它滚下坡去，这时不是发出嗡嗡的"琴"声，而是轰轰的巨响，好像飞机在盘旋似的。

为什么沙漠里会发出这种奇异的声响呢？有人认为这是由于沙粒从上往下滑动的时候，它们之间的孔隙时大时小，经常变动，空气时而进入这些孔隙中，时而又被挤出来，因此产生振动而发出声响。也有人推测这是由于沙丘下面存在着一个潮湿的沙土层，上面干燥的沙粒的振动波传到潮湿层时，便会引起共鸣，发出声响。沙丘下存在着潮湿层是可能的，如敦煌和中卫的鸣沙山脚下都有泉水涌出，但是否有可能引起共鸣，这还不能肯定。

有的科学家提出，由于沙漠表面的沙粒细小而干燥，被太阳晒得火热以后，再受到风的吹动，沙粒与沙粒之间产生摩擦，也可以发出清脆的声响。后来，还有科学家作了更深入的解释，认为沙粒的石英晶体对压力或摩擦都非常敏感，它们一旦受到挤压或摩擦就会生电，而在电的作用下它们又伸缩振动，从而发出声音来。

尽管有了各种各样的解释，但沙丘发声的秘密仍未完全揭开。

沙漠中除了有"天籁",还有一种幻景,那就是海市蜃楼。往来于沙漠地区的人们,常常在午后正感到炎热和口渴的时候,忽然看到前面有湖泊或绿洲。可是,当人们朝着这个方向走去,越向前走,景色越模糊,最后完全消失。这是怎么一回事呢?原来,这不是真的湖泊或绿洲,而是幻景——海市蜃楼。

沙漠里为什么会出现这种幻景呢?海市蜃楼是一种光学现象。我们都知道:光,通常是沿着直线前进的。可是,当光线通过两种密度不同的介质时,如从空气到水,或从水到空气,常常会发生折射和全反射现象。譬如我们用一根筷子插到盛水的玻璃杯中,可以看到筷子好像断了一样,这就是光线由密度较小的空气进入密度较大的水中引起的折射。当光线从水里投射到水与空气交界面上时,如果其角度刚好使光线全部反射回水中,这就是全反射。

海市蜃楼

在通常情况下,在一个面积不大的地段里,空气中上下左右的密度虽然不完全相同,但差别不是很大,所以,人们所见的光线都是直线进行的。但是,在沙漠地区或海洋上面,空气密度上下层常常有很大的差别,因而也会发生光的折射和全反射现象,形成海市蜃楼迷人的幻景。

在沙漠里,中午时候的太阳特别强烈,把沙地晒得灼热,使接近地面的空气被烤得热烘烘的,这层空气受热膨胀,它的密度也就小了,于是,上层和下层的空气密度形成很大的差异。在这种情况下,如果前方远处有一棵树,它生长在比较湿润的一块地方,这时由树梢倾斜向下投射的光线,因为是从密度大的空气层进入密度小的空气层,会发生折射。折射光线到了靠近地面热而稀的空气层时,又发生全反射,光线又由近地面密度小的空气层反射回

漫长的地貌变化

到上面密度大的空气层中来。这样，经过一条向下凹陷的弯曲光线，把树的影像送到人们的眼帘中，就出现了一棵树的倒影。这种倒影很容易给人们以水边树影的幻觉，以为前方是一个湖。

这种幻景是在光线的折射和全反射的共同作用下形成的，当人们越往前走时，眼睛和空气交界面的角度改变了，便觉得它逐渐模糊而至消失。此外，这种幻景出现时，只要大风一吹，引起上下层空气搅动混合，也会使幻景立刻消失。

骷髅海岸

在非洲纳米比亚的纳米布沙漠和大西洋冷水域之间，有一片白色的沙漠，葡萄牙海员把纳米比亚这条绵延的海岸线称为骷髅海岸。这条 500 千米长的海岸备受烈日煎熬，显得那么荒凉，却又异常美丽。从空中俯瞰，骷髅海岸是一大片褶痕斑驳的金色沙丘，这是从大西洋向东北延伸到内陆的沙砾平原。沙丘之间，闪闪发光的蜃景从沙漠岩石间升起，围绕着这些蜃景的是不断流动的沙丘，在风中发出隆隆的呼啸声。

骷髅海岸沿线充满危险，有交错的水流、8 级大风、令人毛骨悚然的雾海和海里参差不齐的暗礁。在骷髅海岸来往的船只经常失事，传说有许多失事船只的幸存者跌跌撞撞爬上了岸，庆幸自己还活着，孰料竟慢慢被风沙折磨致死。因此，骷髅海岸布满了各种沉船残骸和船员遗骨。

骷髅海岸

空中俯瞰骷髅海岸——褶皱斑驳的金色沙丘在海岸沙丘的远处，7 亿年来

浩瀚的沙海

由于风的作用，岩石被刻蚀得奇形怪状，耸立在荒凉的地面。在南部，连绵不断的内陆山脉是河流的发源地，但这些河流往往还未进入大海就已经干涸了。这些干透了的河床，伴着沙漠中独有的荒凉，一直延伸到被沙丘吞噬为止。还有一些河，如流过富含黏土的峭壁峡谷的霍阿鲁西布干河，当内陆降下倾盆大雨时，巧克力色的雨水使这条河变成滔滔急流，有机会流入大海。

因为骷髅海岸的河床下有地下水，所以滋养了无数动植物，其种类之繁多，令人惊异。科学家称这些干涸的河床为"狭长的绿洲"。湿润的草地和灌木丛也吸引了纳米比亚的众多的哺乳动物来此寻找食物。大象把牙齿深深插入沙中寻找水源，大羚羊则用蹄踩踏满是尘土的地面，想发现水的踪迹。

你知道吗

玄武岩

玄武岩属基性火山岩，其耐久性很高，节理多，且节理面多成六边形。玄武岩具有脆性，因而不易采得大块石料。此外，由于玄武岩的气孔和杏仁构造十分常见，虽然它在地表上分布很广泛，但可作饰面的石材不多。

在骷髅海岸的海边，大浪猛烈地拍打着倾斜的沙滩，把数以万计的小石子冲上岸边，花岗岩、玄武岩、砂岩、玛瑙、光玉髓和石英的卵石都被翻上了滩头，给这里带来了些许亮色。迷雾透入沙丘，给骷髅海岸的小生物带来生机，它们会从沙中钻出来吸吮露水，充分享受这唯一能获得水分的机会与乐趣。会挖沟的甲虫，此时总要找个能收集雾气的角度，然后挖条沟，让沟边稍稍垄起，当露水凝聚在垄上流进沟时，它就可以舔饮了。雾也滋养着

海狗

漫长的地貌变化

较大的动物，盘绕的蝮蛇，用嘴啜吸鳞片上的湿气。在冰凉的水域里，居住着沙丁鱼和鲻鱼，这些鱼引来了一群群海鸟和数以千万计的海豹。在这片荒凉的骷髅海岸外的岛屿和海湾上，繁衍生存着躲避太阳的蟋蟀、甲虫和壁虎。长足甲虫使劲伸展高跷似的四肢，尽量撑高身躯，离开灼热的地面，享受相对凉爽的沙漠微风的吹拂。

海狗是这片海岸的主人，它们大部分时间生活在海上，但到了春季，它们要回到这里生儿育女，漫长的海岸线就是它们繁衍生息的温床。到了陆地上，海狗的动作可不像在海里那样敏捷、优美。它们把鳍状肢当作腿来使用，那笨拙而可爱的模样让人忍俊不禁。当小海狗出生后，海狗妈妈要到海上觅食，令人惊奇的是，母子两个竟然能在上万只海狗的叫声中找到对方，母子情深可见一斑。

拓展阅读

海 狗

海狗，也称海熊、腽肭兽。海狗是生活在海洋里的四脚哺乳动物，因其体形像狗，因此得名海狗；由于又有些像熊，因而又名海熊。其实，海狗与海狮亲缘关系很近，都属于海狮大家族。海狗肾为名贵的中药材，取于海狗的生殖器官。

漫长的地貌变化

国家公园

　　国家公园是指国家为了保护一个或多个典型生态系统的完整性,为生态旅游、科学研究和环境教育提供场所,而划定的需要特殊保护、管理和利用的自然区域。它既不同于严格的自然保护区,也不同于一般的旅游景区。

　　本章就重点地向您介绍一些著名的国家公园,希望通过本章能够让你了解更多的相关知识。

漫长的地貌变化

卡卡杜国家公园

卡卡杜国家公园位于澳大利亚北部地区的首府达尔文市东部200千米处，以前是一个土著自治区，1979年被划为国家公园，其占地面积约2万平方千米，以郁郁葱葱的原始森林、各种珍奇的野生动物，及保存有两万多年前的山崖洞穴间的原始壁画而闻名于世。这里是一处为现代人保存了一份丰厚的文化遗产和旅游资源的游览区，有"土著的故乡，动物的天堂"之说。

卡卡杜国家公园按地势分为五个区。在海潮区，植被主要由丛林及海蓬子科植物组成，其中包括海岸沙滩上的半落叶潮湿热带林。这里也是濒临绝迹的潮淹区鳄鱼出没之地。水涝平原区里则多为低洼地，雨季洪水泛滥形成沼泽带，是一些鸟类的理想去处。低地区中多为起伏平原，平原间有小山和石峰。这里有不同的植物形态，有多为蓝桉的稀疏树林，也有草原、牧场和灌木丛。在与水涝平原交界处分布着沿海热带森林，林内有多种动物。在陡坡和沉积岩区，雨季时会形成蔚为壮观的瀑布，并有多种动物栖息于此。而高原区则由古老的沉积岩组成，高度在250～300米，个别突兀的石峰，高达520米，主要植物为灌木，偶尔可见茂密的森林，林内多为野生巴旦杏。本区内生活着多种稀有的或当地特有的鸟类。

卡卡杜国家公园内有着优美的自然风光和较完整的原始自然生态环境，因此植物类型极其丰富，超过1600种。这里是澳

陡坡和沉积岩区雨季的瀑布

大利亚北部季风气候区植物多样性最高的地区。尤其特殊的是阿纳姆西部砂岩地带植物的多样性，这里有许多地方性属种。最近的研究表明，卡卡杜国

家公园内大约有 58 种植物具有重要的保护价值。该公园的植被可以大致划分为 13 个门类，其中 7 个以桉树的独特属种占优势。这里有澳大利亚特有的大叶樱、柠檬桉、南洋杉等树木，还有大片的棕榈林、松树林等。

这里的动物丰富多样，是澳大利亚北部地区的典型代表。卡卡杜国家公园中有 64 种土生土长的哺乳动物，占澳大利亚已知的全部陆生哺乳动物的 1/4 还多。澳大利亚 1/3 的鸟类在这里聚居栖息，品种在 280 种以上，其中以各种水鸟和苍鹰为其代表性鸟类。每当傍晚飞鸟归巢时，丛林中和水塘边，一些为澳大利亚特有的野狗、针鼹、野牛、鳄鱼等便从巢穴出来觅食，在这里又出现一幅弱肉强食的自然进化图。因而，保护这里的动物群无论对于澳大利亚还是对于世界都具有极为重要的意义。

卡卡杜国家公园内栖息的鸟类

悬崖是卡卡杜国家公园里别具特色的景观。悬崖上有许多岩洞，里面有在世界上享有盛名的岩石壁画，已经发现大约 7000 处。在阿纳姆高原地带这种洞穴最多。这些岩画是当地土著的祖先用蘸着猎物的鲜血或和着不同颜色的矿物质涂抹而成。壁画里的动物种类随着绘画的年代变化，这是海面上升之故。最早的壁画画于最后一次冰河时期。当时海面较低，卡卡杜荒原位于距海约 300 千米的地方，画中有袋鼠、鸸鹋以及一些现代已经绝迹的巨大动物。冰河时期约在 6000 年前结束，海面上升，阿纳姆地悬崖下的平原变成了海洋和港湾，所以这一时期的壁画中主要是巴拉蒙达鱼和梭鱼等鱼类动物。许多画还把脊椎动物的内部构造都画了出

卡卡杜国家公园里的岩石壁画

漫长的地貌变化

来。壁画的内容反映了当地土著祖先们各个时期的生活内容、生产方式，以及某些野兽、飞禽的形象。其中一部分内容与原始图腾崇拜、宗教礼仪有关。在壁画中有一些不为现代人所理解的抽象图形。有的人体壁画很奇特，头常呈倒三角形，耳朵呈长方形，身躯及四肢特别细长，并且经常可以见到多头的人体图形。画中人物多处于一种舞蹈姿态，从他们或曲身、或跳跃的劲舞姿势中，可看出这是个热情开放、能歌善舞而又极富幻想的民族。壁画较完整地反映了土著文化各个历史时期的发展历程，为澳大利亚的考古学、艺术史学以及人类史学提供了珍贵的研究资料。

卡卡杜国家公园内的壁画抽象夸张，反映了澳大利亚土著对世界的独特认识。岩画以及其他古遗址，表明了这个地区从史前的狩猎者和原始部落到仍居住在这里的土著居民的技能和生活方式。艺术遗址使这里闻名遐迩。通过发掘遗址人们还找到了澳大利亚最早生活的人类的证据，为澳大利亚的学者、研究人员等提供了珍贵的资料。

卡卡杜是澳大利亚土著卡卡杜族的故土，卡卡杜国家公园就是以这个部族而命名的。他们的祖先至少在4万年前就已从东南亚迁来。他们先是逐岛渡海而来，后来在冰河时期海面较低时从新几内亚沿陆路抵达这里。按照卡卡杜人的传说，卡卡杜荒原是他们的女祖先瓦拉莫仑甘地创造的。她从海中出来化为陆地，并赋予人以生命。卡卡杜国家公园内的大部分地区属土著人所有，他们把土地租给国家公园与野生动物管理部门。

基础小知识

古遗址

古遗址是指古代人类各种活动留下的遗迹。它既包括人类为不同用途所营建的建筑群体，以及范围更大的村寨、城堡、烽燧等各类建筑残迹；也包括人类对自然环境利用和加工而遗留的一些场所。不同历史时期的古遗址，大都湮没已久，有的则沦为沙漠中的废墟。通过对各种类型的古遗址的调查发掘，可以揭示许多古代遗迹，进而考察有关的社会状况，因而在文物保护与考古研究工作中备受重视。

阿根廷冰川国家公园

　　阿根廷冰川国家公园是一个奇特而美丽的自然风景区,有着崎岖高耸的山脉和许多冰湖,其中包括 160 多千米长的阿根廷湖。在阿根廷湖的远端 3 条冰河汇合处,乳灰色的冰水倾泻而下,像小圆屋顶一样巨大的流冰带着雷鸣般的轰响冲入湖中。阿根廷冰川国家公园由多山的湖区组成,它包括南安第斯山的一个被大雪覆盖的地区,以及许多发源于巴塔哥尼亚冰原的冰川。

　　阿根廷冰川国家公园内面积小于 3 平方千米的冰川大约有 200 个,它们都独立于大的冰原之外。冰川的活动主要集中于两个湖区,其实这两个湖区本身就是古代冰川活动的产物。这里气候寒冷,积雪终年不化,为冰原的形成创造了十分有利的气候条件。

　　阿根廷冰川国家公园中的冰川群面积达 4457 平方千米,西接智利国界,自北而南有多座山峰,它们是多条冰川的发源地。冰川群东部以阿根廷湖为首,湖泊星罗棋布,多条冰川汇集此处。它们都是在第四纪冰川时期形成的冰川湖,是所有冰川的归宿。从巴塔哥尼亚冰原漂移过来的冰川,有 10 座分布在阿根廷冰川国家公园内,依次名为马尔科尼、维埃德马、莫亚诺、马普萨拉、奥内利、斯佩加西亚、马约、阿梅格西诺、莫雷诺、弗里亚斯。10 座冰川由南向北,屹立于公园内。其中,除莫雷诺外的 9 座冰川都在消融,消融的冰水注入大西洋。

　　莫雷诺冰川是世界上少有的正在生长的冰川,正面宽约 4000 米,高 60 米,长约 34 千米。莫雷诺冰川犹如一条巨大的冰舌,伸进巴塔哥尼亚冰原上的阿根廷湖。从难以推算的遥远年代开始,这道冰川自雪峰沿山谷向下推进,一直伸进湖水中。1917 年,莫雷诺冰川的前锋第一次触及了湖的彼岸。又过了 40 年,它终于牢牢地靠上了湖岸,把这一段狭长的湖面完全截断。湖中水位随之上升二三十米,将峡谷中高大的南洋杉和山毛榉都淹没了。

漫长的地貌变化

人们站在专门修建的观赏平台上，可以清楚地看到冰川是怎样从雪山顶上"倾泻"而下的。冰川正面笔直如削，顶部有无数裂隙，经过阳光的透射、折射，呈现出缤纷的颜色。不时传来的低沉的隆隆声，是冰川开裂的声响。风和日丽时，虽然与冰川相隔咫尺，人们可以穿衬衣而不觉寒冷。但当太阳隐入云层，顿觉寒气逼人，需套上厚厚的防寒服。最令人叹为观止的是冰川大崩塌。巨大的冰块发出雷鸣般的轰响，从几十米的高处坠落，激起的波涛也窜起数十米高，像海啸一样。这种惊心动魄的场面，短的持续24小时，长的可延续3天。大崩塌三四年发生一次，一般在2~3月间。

莫雷诺冰川

知识小链接

海　啸

海啸是一种由风暴或海底地震造成的海面恶浪并伴随巨响的现象。海啸的波长比海洋的最大深度还要大，在海底附近传播不受阻滞，不管海洋深度如何，波都可以传播过去。

马普萨拉冰川比莫雷诺冰川宽一倍，高达90米，是当地最大的冰川。马普萨拉冰川的前端伸展到阿根廷湖北端。这条冰川正处于缓慢的消退过程中，冰川上崩裂下来的冰块顺湖水漂出十几千米远。它们大的如城堡，小的像鲸，由于形成时受到的压力不同而反射出深蓝、宝蓝、天蓝、湛蓝等不同的色泽。游船穿行其间，就像进入了天然的冰雕艺术世界。

阿根廷冰川国家公园的主要树种是伦卡树，也是公园内主要的植物群落。

国家公园 SEARCH

阿根廷冰川国家公园的植被主要由两个界限明显的植被群组成：亚南极的巴塔哥尼亚森林和草原。森林中主要的物种包括南方的山毛榉树、南极洲假山毛榉、晚樱科植物、虎耳草科植物等。巴塔哥尼亚草原由东而始，有一大片针茅草丛，其间散布着一些矮小的灌木丛。海拔1000米以上的半荒漠地区长有旱生植物垫子草，更高的西部区域则由冰雪覆盖的山麓和冰川组成。这里还生活着

羊 驼

不少稀有或濒临灭绝的动物，有分趾蹄鹿、水獭、矮鹿、羊驼、秃鹰等。喜欢群居的啮齿目动物南立大毛丝鼠是阿根廷冰川国家公园内特有的。阿根廷冰川国家公园内记载的鸟类达100多种，其中较为著名的品种有安第斯秃鹰、野鸭、黑脖雀等。除鸟类之外，还有其他的脊椎动物生活在阿根廷冰川国家公园中。在哺乳动物中，有一群南安第斯的骆马类动物居住在其他动物并不涉足的区域内。其他重要的脊椎动物有骆马、阿根廷灰狐狸、澳大利亚臭鼬等。

广角镜

水 獭

水獭是半水栖兽类，身体呈流线型，长60~80厘米，体重可达5千克。水獭头部宽而略扁，吻短，下颚有须，眼略突出，耳短小而圆，体背灰褐，胸腹颜色灰褐，喉部、颈下灰白色，毛色还呈季节性变化，夏季稍带红棕色。水獭常独居，不成群。它们傍水而居，喜欢栖息在湖泊、河湾、沼泽等淡水区。水獭的洞穴较浅，多居自然洞穴，洞穴常位于水岸石缝底下或水边灌木丛中。

漫长的地貌变化

库克山国家公园

库克山国家公园位于新西兰南岛中西部，是一个狭长的公园，公园长达64千米，最窄处只有20千米，占地700平方千米。它南起阿瑟隘口，西接迈因岭，正处于南阿尔卑斯山景色最壮观秀丽的中段。库克山国家公园内1/3的地区终年积雪，雪峰此起彼伏，有3000米以上的高峰15座，其中库克山雄踞中间，海拔3764米，是新西兰最高峰，有"新西兰屋脊"之称。

库克山在新西兰很有名，是全国最高峰，也是大洋洲第二高峰，不仅因为它山高，而且因为它那特殊的地质历史。据考古学家研究，库克山在1.5亿年前仍沉在海底，1亿年前地壳开始起了造山活动，经过漫长岁月不断重复着隆起和侵蚀的交替作用，再加上冰河的侵

库克山

蚀，造成了今日的景观和地形，成为一个崭新的地带。最令人感兴趣的是它的植被垂直带的变化。库克山海拔900米以下是山地森林带，这里森林茂密，多野兔、羚羊，是爬山狩猎的理想场所；900～1300米为亚高山带，这里有森林、草地、灌木地以及裸露的岩石；1300～1850米为亚高山草地；1850～2150米是亚高山森林带，这里岩石裸露；在海拔2150米以上属于高山地带，这里寸草不生，只见黑色的岩石交错于冰雪之间，山间多冰川、瀑布。

关于库克山的形成，当地土著毛利人还有一个神话故事流传着。据说天父和地母的孩子，在造访人间时，变成了石头，这些石头就是后来的库克山以及南阿尔卑斯山脉中一些突起的山峰。但以地质学的观点来看，新西兰南

国家公园

岛崎岖的分水岭其实是太平洋和印度、大洋洲陆块在地壳不断地撞击侵蚀后而形成的。这种持续的碰撞，形成了库克山国家公园的景观。在这片土地上，包括了新西兰境内 27 座 3000 米以上高山中的 22 座，以及 140 座超过 2000 米高度的山峰。此地的天气和它的景致一样令人难以忘怀。

塔斯曼冰川

本是风和日丽、晴空万里的好天气，但是瞬息间它可能就狂风大作。这里的低地地区年降雨量约为 4200 毫米，但在高山地区，由于冰雪的影响，年降水量可达 5000 毫米。

　　库克山国家公园里面聚集着雪山、冰川、河流、湖泊、山林，以及动物和高原植被等，这里给人们的惊奇是其他地方所无法比拟的。屹立在群峰之巅的库克山顶峰终年被冰雪覆盖，而群山的谷地里，则隐藏着许多条冰川。其中，塔斯曼冰川长约 29 千米，宽 2 千米，深 600 米。在塔斯曼冰川内部，由于它的移动，带着山体的碎石下滑，加上阳光的照射，使冰川表面形成了无数的裂缝和冰塔，造型千姿百态，耀眼夺目。库克山侧面黝黑，峰峦叠嶂，高坡上是斑斑积雪。

　　在库克山东侧不远的地方，有两个宁静而美丽的湖泊，一个叫作普卡基湖，另一个叫作泰卡普湖。两个湖的背景都是库克山以及周围的群峰，湖水源于冰川，水色碧蓝中带着乳白，晶莹如玉，平洁如镜。在普卡基湖边，坐落着一个小小的教堂，还有一只牧羊犬的雕塑，他们都静静地守候在湖畔，记载着这里的故事。蓝天、白云、雪山、碧湖、绿色相间的原野和山林，五彩缤纷的花朵，没有人烟，只有大自然的风声掠过人们的耳际。

> 漫长的地貌变化

乌卢鲁国家公园

乌卢鲁国家公园位于澳大利亚北部地区，距艾丽斯泉市之西约 350 千米的地方。该公园面积 1325 平方千米，主要由艾尔斯岩石和奥尔加山构成。1987 年和 1994 年，联合国教科文组织分别将乌卢鲁国家公园作为文化和自然遗产，列入《世界遗产名录》。

乌卢鲁国家公园很荒芜。地球被人们分为南半球和北半球。太阳光每年能垂直照射的地表部分是以赤道为中心的南北回归线之间的区域。南回归线横穿澳大利亚中部。南回归线所在的区域上空，有大量干热的空气下沉流向地表，使这里气候干燥，沙漠广布。澳大利亚的沙漠和近似沙漠的土地约占全国的 1/3。因此，有人形容澳大利亚是一块不为人类准备的土

乌卢鲁国家公园

趣味点击

艾尔斯岩石的发现

1873 年，一位来自南澳大利亚的测量员威廉·克里斯蒂·高斯横跨这片荒漠，正当他饥渴难耐之时，突然一座巨大的石山展现在他的面前，当时他还以为自己是因疲劳而产生的幻觉，没想到竟是一座奇特的巨大岩石。因为他来自南澳大利亚，因此就以时任南澳大利亚总理亨利·艾尔斯的名字命名了这座大岩石。1985 年，澳大利亚政府正式把这座岩石交给当地土著居民阿南格族管理，现在这里已开辟成了一座国家公园，即乌卢鲁国家公园。这个公园现在已被世界自然文化遗产组织列入保护名单。

地。乌鲁鲁国家公园便处于澳大利亚中部，这里干燥、荒凉，是名副其实"拒人于千里之外"的地方。

乌鲁鲁国家公园是一个沙漠平原上的公园，遍地的沙粒诉说着这里的干旱，座座由沙堆积成的矮丘犹如坟墓在证明着生命在这里难以生存。这里虽不见漫漫"黄沙"，但人的目光触及的却是一片片如血的红色沙漠，它是风"呕心沥血"吟唱得"唇干舌燥"的杰作。红色意味着本地区经历了亿万年的高温干旱，地表的氧化作用很强；红色是氧化铁类物质覆盖地表的结果。到艾尔斯岩石游览的人，都会一睹沙漠日出的奇景。清晨，一抹红光闪出地平线，渐渐由暗转明向上扩散，然后一弯光环探出头来，慢慢的一面上升一面变大，就像是一团火球从炉中沸腾冒升。地面上由漆黑而暗褐、紫褐、红褐，天空从黑灰而深紫、绛红、绯红，忽然旷野里呈现闪闪烁烁的光芒万点，一会儿又变幻成摇摇晃晃的斑斓光带。从一线曙光初露，到太阳升离地平线，其间光影瞬息万变，这就是大漠上的日出奇观。

奇异的岩石是乌鲁鲁国家公园中最独特的风景。这里静卧着一块世界最大、最高的整块单体巨石——艾尔斯岩石。艾尔斯岩石正好耸立在澳大利亚的几何中心上，四周为平原，一石凸起，大有顶天立地之感。艾尔斯岩石高出四周平地348米，长3000米，宽2500米，基

艾尔斯岩石

部周长约10千米，东面高而宽，西面低而窄。艾尔斯岩石形成于6亿年前，是目前世界上最大的整块单体巨石。从空中俯瞰，它犹如一艘航空母舰停泊在沙海之中，十分雄伟。艾尔斯岩石上没有天生的节理和层理，它就是一块完整的巨石，表面光滑，寸草不生，鸟兽不栖，但是有蜥蜴出没其间。远远望去，艾尔斯岩石有点像黄瓜，也像两端略圆的长面包，更像一头巨兽卧在

漫长的地貌变化

这里，守卫着澳大利亚中部的土地。

艾尔斯岩石色泽赭红，光溜溜的表面仿佛发着光芒，在 3000 米外就可看见，显得雄伟神秘。艾尔斯岩石没有裂缝和断隙，只有一些自上而下的或宽或窄的沟槽和浅坑，可能是亿万年来风化的结果。艾尔斯岩石最吸引人的是它的颜色会随着不同的天气和光线而改变。它以红色为基调，石面颜色随早晚、阴晴的变化而变化。当晨曦微露，原野初染光华，艾尔斯岩石表面如繁星撒落，闪闪烁烁。一旦红日从地平线升起，霞光万道，耀眼的红色烧褪去岩面的暗褐色，越烧越红，越红越亮，艾尔斯岩石好像被放进熔金的烘炉里，没有半点瑕疵。衬着空中的光彩，艾尔斯岩石周围也仿佛放射着金光。傍晚，太阳降落，它先是紫红色，逐渐更加深暗，几乎像紫罗兰般的深紫。天空垂下了幕帘，万花筒般的景色霎时浓墨一片，只隐约可见那波浪般起伏的岩石线条。天降阵雨时，艾尔斯岩石又会变成银灰色或黑色，雨水沿石壁流下，形成千万条小瀑布，仿佛千万匹白绢飘然而下，之后水势越来越大，渐渐汇合成几个大瀑布，好像巨龙从天而降，其声如巨雷，其势如奔流。

知识小链接

紫罗兰

紫罗兰，原产地中海沿岸，目前在我国南部地区广泛栽培。紫罗兰为十字花科紫罗兰属下的各个种的植物的统称。

艾尔斯岩石旁有一个神秘的玛姬泉，清澈见底的泉水充溢岩穴。来到玛姬泉旁，岩石蔽天，波光粼粼，泉水凉意袭人，一扫沙漠暑气。玛姬泉泉水甘甜可口，却无人知晓泉水来自何方。玛姬泉是土著人的生命源泉，在周围数千平方千米内，仅有这条泉水永不枯竭，显得弥足珍贵。人们从艾尔斯岩石西部扶铁链登上峰顶，可眺望乌卢鲁国家公园和周边辽阔的草原、沙漠的壮丽景色，原野上牛群如蚁，大树如草。

从空中俯瞰，艾尔斯岩石这个庞然大物不过是茫茫红色沙漠中的一颗红色小石而已。它边上陪伴着高低起伏的卵圆形岩石，那就是奥尔加山，其盛名不在艾尔斯岩石之下。从空中望去，奥尔加山好像是一堆大大小小的馒头，是澳大利亚内陆沙漠上的另一奇景。这座山由28块圆形的大岩石组成，有的连在一起，有的独立在一旁，最高峰约540米，从地面算起，比艾尔斯岩石高190多米。奥尔加山的岩面裂缝中多清水，故而各种野生植物和动物能生存于此，看上去比艾尔斯岩石更具活力。在奥尔加山的岩石堆中攀岭越谷，眺望远处的天空和近处的飞沙，完全是一派粗犷的大漠风光。奥尔加山是由沉积岩构成的，由于组成岩石的物质比较软，又因为长期遭受风雨的侵蚀，岩石表面被磨蚀，最终形成了现在的圆屋脊形状。据传，过去这里是土著人舞蹈聚会的地方。当地人认为，奥尔加山不仅仅是岩石，而且还是位"巨人"。

奥尔加山

乌卢鲁国家公园里也繁衍着许多澳大利亚独特的动物，如袋鼠、鸸鹋等。袋鼠属于哺乳动物中的袋鼠科，其种类不下四五十种。大袋鼠是其中最大的一种，身长1.5米，有的可达2米，尾巴又长又粗，约1.3米。它头小，耳大，前肢短，后肢长，跳跃力极强，每小时可跑60千米。鸸鹋的科学名称中含有

袋鼠

漫长的地貌变化

"快走"之意，样子像阿拉伯沙漠中的鸵鸟，身高1米多，是世界上最大的陆地鸟之一。它头部和颈部羽毛丰满，不能飞翔，却会游泳，陆上行走快步如飞，时速可达70千米。澳大利亚国徽图案的组成就是左边一只大袋鼠，右边一只鸸鹋。

乌卢鲁国家公园内生长着一种猴面包树，也叫澳大利亚瓶树。远远望去，这种形状奇特的树似乎不是从地里长出来的，而是插在一个大肚子的花瓶里。瓶子似的大肚子树干直径可达几米，它把多余的雨水吸收贮存，待到干旱季节慢慢享用，延续生命，真的是未雨绸缪。猴面包树也好像是为游人准备的饮用水。你若在沙漠旅行中饮尽了自带的水，又找不到别的水源，那只需用小刀在猴面包树的肚子上挖开一个小洞，水便汩汩流出，饮之顿解口渴疲乏之苦。据说一棵猴面包树的瓶状肚子里装有4.54升水，无疑它是沙漠中水的暴发户。

猴面包树

你知道吗

鸸鹋

鸸鹋是鸟纲鸸鹋科唯一物种，以擅长奔跑而著名，是澳大利亚的特产，也是澳大利亚的国鸟。它是世界上第二大的鸟类，仅次于非洲鸵鸟，因此也被称作澳大利亚鸵鸟。它的翅膀比非洲鸵鸟和美洲鸵鸟的更加退化，足三趾，是世界上最古老的鸟种之一，栖息于澳大利亚的森林和开阔地带，吃树叶和野果。鸸鹋终生配对，每窝产7~10枚暗绿色卵，卵长13厘米，在地面上筑巢，雄鸟孵卵约60天，体上有条纹的幼雏出壳后很快就能跟着成鸟跑。特别的气管结构使鸸鹋在繁殖期可发出巨大的隆隆声。

国家公园

黄石国家公园

　　黄石国家公园是世界上最大的公园，也是美国设立最早、规模最大的国家公园，位于怀俄明、蒙大拿和爱达荷三州交界处，占地8956平方千米。黄石国家公园原为荒山原野，19世纪初叶始有探险者的足迹。1872年，美国总统格兰特在任期间将黄石公园开辟为国家公园。黄石国家公园得名的原因是因为黄石河两旁的峡壁呈黄色。黄石国家公园内富有湖光、山色、悬崖、峡谷、喷泉、瀑布等景致。但其最独特的风貌，则是被称为世界奇观的间歇喷泉。

　　黄石国家公园是世界上第一座以保护自然生态和自然景观为目的而建立的国家公园。它不仅拥有各种森林、草原、湖泊、峡谷和瀑布等自然景观，其大量的热泉、间歇泉、泥泉和地热资源，更构成了享誉世界的独特地热奇观。黄石国家公园也是野生动物的天堂，是美国野生动物的最大庇护所。

　　与美洲大陆的其他地方一样，今天的黄石国家公园地区也曾经是美洲印第安人活动的舞台。考古学家发现，大约在1.1万年以前，就有印第安人在这里建立家园。后来又有另一支印第安人部落移居到此，从事狩猎、采集及原始的农业生产活动。一支被称为"食羊者"的印第安部落一直居住到1871年，直至这里被美国政府划定为国家公园的前一年，才迁居到休休尼风河保留地。黄石国家公园因自然景观和地质现象的差异，分为5大区，分别是玛默斯区、罗斯福区、峡谷区、间歇泉区和湖泊区。

基础小知识

狩　猎

　　狩猎在实际活动中分专业狩猎与业余狩猎两个方面。专业狩猎也叫作生产性狩猎，专门从事狩猎生产的猎人叫作职业猎人，职业猎人在狩猎生产期间，不从事其他工作。但由于各地情况不同，又有不同的灵活变化，所以，职业猎人又分常年性的与季节性的两种。

漫长的地貌变化

分布在黄石国家公园里的大大小小的间歇泉总共有 300 个以上，其中最知名的就是"老忠实"间歇泉。"老忠实"间歇泉平均每隔 79 分钟喷发一次，每次喷发维持在一分半至五分钟之间，有 10 000～30 000 升的热水在这期间被喷到 30～50 米的高度。就因为"老忠实"间歇泉拥有最准时的喷发周期，因此成为间歇泉中的明星，也一直是黄石国家公园地热活动的象征。近年来，由于地震和人为因素的影响，"老忠实"间歇泉的喷发时间有时会发生偏移，偏移范围大至在 45～100 分钟不等，但这种情况并不常发生。除"老忠实"间歇泉外，黄石国家公园地热活动的多样化更是随处可见。玛默斯区的石灰岩梯田、色彩斑斓的大七彩温泉池、黄石湖区的鱼人锅泉眼，其他如泥火山、汽孔等景象，都呈现了黄石地质景观的特殊性。

"老忠实"间歇泉

间歇泉的泉口下，是一个长而窄，有如管状的裂隙。受热的地下水上升后会进入裂隙里。在原本就充满水的裂隙中，水的重量压制了地下水，使它无法继续上升，于是形成了一个巨大的压力"锅炉"。当"锅炉"里的水经熔岩不断地加热，水温超过了临界温度而沸腾成蒸汽，蒸汽的力量就把裂隙的水一下子全喷出去，形成一次喷发。喷发后，新的地下水会再补充进"锅炉"

拓展阅读

硫 黄

硫黄别名硫、胶体硫、硫黄块，外观为淡黄色脆性结晶或粉末，有特殊臭味。硫黄的熔点为 119℃，沸点为 444.6℃。硫黄不溶于水，微溶于乙醇、醚，易溶于二硫化碳。作为易燃固体，硫黄主要用于制造染料、农药、火柴、火药、橡胶、人造丝等。

里，整个作用便再循环一次。这种周期性的喷发，即形成了间歇泉。

　　石灰岩梯田又称石灰华台地。由于地下热泉中溶有较高的碳酸钙离子，热泉在熔岩热力的作用下形成一口"上升井"，自地表一个泉眼中涌出，并向低处流淌冷却，即会慢慢在山坡上开始沉积碳酸钙结晶。长久下来，碳酸钙沉淀便形成了这种石灰岩梯田。而热泉中滋生的各种藻类又往往为石灰岩梯田披上了一层层彩衣。泥泉的成因在于热泉水中含有丰富的硫黄，当热泉水与硫黄物质、泥土及天然气相混合，便产生了这种特殊的地热现象。其中硫黄的沉淀形成黄色土壤，而硫化铁和氧化铁沉淀则使土壤的颜色呈黑色或紫色。当地面降水渗入地下的量不足时，地层中的熔岩迅速将水分蒸发汽化。这些蒸汽不断由地下喷出便产生汽孔。

　　由于地层中被熔岩加热的地下水密度小于刚渗入地层的冷水，因此热泉会处于冷水的上方，之后逐渐上升而冒出地表，形成热池。在热泉或热池的表面常可见到翻腾的气泡，这是自地层中排出的二氧化碳，并不是沸水。通常热泉和热池的温度比间歇泉低许多，这种较低温的热泉或热池，常因不同的温度滋生不同颜色的藻类，而呈现出丰富美丽的色彩。而且热泉或热池中沉淀出来的二氧化硅会在地表泉眼处形成蛋白色的泉华，这也是其特色之一。

　　发源于黄石国家公园的黄石河是塑造黄石国家公园胜景的重要因素之一。黄石河由黄石峡谷汹涌而出，贯穿整个黄石国家公园到达北部的蒙大拿州境内，全长 1080 千米，是密苏里河的一条重要支流。黄石河将山脉切穿而创造了壮观的黄石大峡谷。在阳光的照耀下，该峡谷两岸峭壁呈现出金黄色，仿佛是两条曲折的彩带。由于黄石河穿行的地势高，水源充沛，黄石河及其支流深深地切入峡谷，形成许多激流瀑布。黄石大峡谷源头的高塔瀑布高达 40 米，水流从山

黄石河

漫长的地貌变化

间奔腾而下，水声震耳欲聋，响彻峡谷两岸。在湖泊区还有北美洲最大的高原湖泊黄石湖。由于黄石河的充足补给，黄石湖水面辽阔，面积达353平方千米，形成了自己特有的气候景观。

趣味点击

密苏里河

密苏里河是美国主要河流之一，是密西西比河最长的支流。密苏里河发源于蒙大拿州黄石国家公园附近的落基山脉东坡，流至密苏里州圣路易斯以北汇入密西西比河，全长4300多千米。

黄石国家公园不仅景观壮丽，而且其对生态的保护也走在世界的前列。各国相继效仿黄石国家公园建立了自己的国家公园。在黄石国家公园成立至今的一百多年中，国家公园的含义是在逐步摸索中建立起来的。在这里，生态保护的观念也有好多次转变。黄石国家公园最初对待森林火灾的态度是尽力保护森林资源，对火灾采取主动灭火策略。但到20世纪60年代，生物学家认为，黄石国家公园应尽可能维持其自然状态，自然发生的火灾就应该让它去烧，使自然环境更健康，黄石国家公园的灭火政策也相应转变。1988年的一场大火，烧掉了黄石国家公园森林面积的45%，奉行了几十年的"不管政策"才终止。黄石国家公园管理当局吸取教训，决定将火灾分为良性与恶性两种，作出评估之后，再选择扑灭或者让它燃烧。

另外，黄石国家公园面临的另一个问题是如何维持生态的平衡。大量繁殖的野牛和麋鹿对公园的生态造成破坏，而且野牛的定期迁徙更有传播牛瘟等疾病的威胁。于是黄石国家公园宣布野牛为可猎杀的野生动物，这一举措差点造成黄石国家公园野牛的灭绝。后来，野牛的数量恢复后，黄石国家公园管理

野牛

当局"引狼入室",将过去曾在此出没的灰狼从加拿大引回,为野牛制造天敌,以求达到控制野牛种群和数量的目的。

冰河湾国家公园

冰河湾国家公园位于美国阿拉斯加州和加拿大交界处,区内包括一系列冰川。1925 年,这里成为国家纪念公园,目的在于保护冰川环境和当地植被。1980 年,冰河湾成为国家公园和保护区,1986 年此处被联合国教科文组织列为生物保护区。冰河湾国家公园覆盖面积共约 13 000 平方千米,包括约 2500 平方千米的咸水区和 1415 千米长的海岸线。这里有丰富的自然景观和完整的生态系统,典型的冰川作用形成了迷人的景色。绵延的高山、环抱着避风港的海滩和峡湾,以及潮汐冰川都是这一地区的特色景观。

1794 年,英国航海家温哥华乘"发现"号来到艾西海峡时,还没有冰川湾。他所看到的只是一条巨大的冰川的尽头,那是一堵 16 千米长、100 米高的冰墙。但是 85 年后美国博物学家缪尔来到此地,发现的是一个广阔的海湾。冰川已向陆地缩回了 77 千米。

现在,在冰河湾国家公园里,冰蚀的峡湾沿着两岸茂密的森林,伸入内陆 100 千米,尽头是裸露的岩石,或是从美加边境山脉流下的 16 条冰川中的某一条。高高的山峰远远地耸立在地平线上,俯视这片哺育冰川的冰雪大地,其中最高峰是海拔 4670 米的费尔韦瑟峰。

冰河湾国家公园

1879 年,缪尔曾经攀登过高耸入云的费尔韦瑟峰。他描述过翼状的云层

漫长的地貌变化

环绕群峰，阳光透过云层边缘，洒落在峡湾碧水和广阔的冰原上；还描述黎明的景色非凡美丽，山峰上似有红色火焰在燃烧。"那壮丽的辉光消失了，"陶醉其中的缪尔写道，"那五彩斑斓的万道霞光渐渐消退了，变成了淡淡的黄色与浅白。"如此美景至今仍可看到。

冰河湾国家公园沿海地区属于海洋性气候。夏季，融化的雪水在冰川底部咆哮，冲蚀出洞穴和沟渠，最终，不断融化的冰川薄得无法支撑时，便轰的一声塌下来。在最近的几个世纪里，该地区冬季的降雪量不及夏季的冰雪消融量，于是冰川以每年400米的速度后退。缪尔冰川在7年中后退了8000米。冬季这里气候温和湿润，内陆属于高海拔地区，气候终年严寒。整个地区年平均降水量约1800毫米，海边地带为2870毫米，内陆为390毫米。冰河湾国家公园是一块尚未被开发的荒野，因近两个世纪来的冰川迅速融化和16个潮汐冰山的形成而引起世人瞩目。这里的16个潮汐冰山占世界上已发现的30个潮汐冰山的一半以上。

知识小链接

夏威夷

夏威夷是夏威夷群岛中最大的岛屿，地处热带，气候却温和宜人，是世界上旅游工业最发达的地方之一，拥有得天独厚的美丽环境，风光明媚，海滩迷人。

冰河湾国家公园还有许多有特色的海洋物种。这里的土壤层逐渐形成，植物根部的固氮细菌使土壤肥沃。一簇簇矮桤木和柳树出现了，接着铁杉林和云杉林也出现了，它们现已遍布海岸。这里出现植被后，吃植物的动物随之出现，继而出现猛禽和猛兽，如狼等。夏季，这里巨大的冰山为海狗提供了栖息地。夏季还有14米长的座头鲸到来，它们在夏威夷过冬后，便来此翻腾嬉戏。缪尔目睹了无数冰山的诞生，为之神往。他写道："它们几个世纪来一直在冰川中，如今终于得以摆脱，在水中沉浮翻转，成为蓝色水晶岛逍遥漂流。"在18、19世纪，这里出现了比较稳定的居民群，他们居住在阿尔塞克河的边缘地带。有许多证据显示这条河在历史上占有很重要的地位。除了当地居民，也发现了欧洲人到过这里的痕迹，他们挖矿、做皮毛交易、伐木、捕鱼和进行探险活动。这里潮湿的气候和植物的快速生长掩盖了大部分的人类居住痕迹。

当然，冰河湾国家公园最有特色的肯定是冰河。整个冰河湾国家公园包含了18处冰河、12处海岸冰河地形，包括沿着阿拉斯加湾和利陶亚海湾的公园西缘。几个位置遥远，且罕有观光客参观的冰河，都属于冰河湾国家公园所有。

座头鲸

泛太平洋冰河是一处退却的冰河，1879年缪尔抵达时，已向北退却了约24千米；1999年长度约为40千米、宽度约为2300米、高度约100米，是冰河湾国家公园最壮丽的到海冰河，穿越于美国阿拉斯加州及加拿大卑诗省的边界。目前此冰河表面覆盖着大量由上游携来的泥沙，略显灰暗。

马杰瑞冰河1912年由于泛太平洋冰河的退却而独立分开，成为另一独立的到海冰河，有22.4千米长、1.6千米宽、59～122米高；其洁白的冰岩断面，更显其壮丽，与泛太平洋冰河一起被称为最美的冰河。

马杰瑞冰河由于少了泥沙覆盖的保温，在夏季许多情况下人们将会目睹冰河崩塌的奇景，体会隆隆的巨响，聆听有如天籁般的绝妙声音。冰山的崩裂除了隆隆巨响外，同时也

马杰瑞冰河

漫长的地貌变化

激起马杰瑞冰河区内的水里及天上的生物的一阵骚动,飞鸟、海豹追逐着因冰裂所激起的游鱼。大自然食物链的神奇,着实让人赞叹。原来冰河湾国家公园并不是一片凄凉,而是一片生机盎然的世界。原来呈现在我们眼前的冰河,是几十年甚至数百年以来累积下的结晶。

哈普金冰河约20千米长、1600米宽、61~122米高;为纪念哈普金1879年与缪尔一起进入冰河湾而得名。

瑞德冰河位于瑞德内湾。瑞德内湾为冰河湾国家公园进出泛太平洋冰河及马杰瑞冰河的通道,由于冰河的堆积与密度的不同,在切割的冰雕间,可以看到原来冰不是只有一种颜色,还有各式各样的蓝色,在迷蒙的雾中更添一分神秘的色彩。

那么,冰河为什么看起来是蓝色的呢?冰河磨松河壁,造成大小不一的岩石碎块。碎石夹杂在冰河内部或压在冰河底,被带到了湖泊。大块的碎石沉淀形成三角洲,小块的碎石则散入湖区,只剩下最小的类似波形瓦的冰块浮在水中。分布在水中的冰块,可以折射光线中的蓝色和绿色光线。因此这些冰河就有了特殊色彩。在冰河融化的季节,湖泊的色彩会因水中的冰块增加而更加光彩夺目。冰河的表层若是呈现出白色及灰色的色彩,是因为里面含有空气及杂质,影响了光线的折射。在冰河较深层的冰块,因冰河流动的推挤过程自然会将空气及杂质挤压出来,所以呈现蓝色的光泽。经过挤压的冰块结晶大都是同样的大小,而且能够在日光中呈现蓝色。

冰河湾国家公园中冰河的形成,是因为积雪速度超过融雪速

广角镜

冰 雕

冰雕是一种以冰为主要材料来雕刻的艺术形式。同其他材料的雕塑一样,冰雕也分圆雕、浮雕和透雕三种。冰雕讲究工具使用、表面处理等,但由于它的材质无色、透明,具有折射光线的作用,故此雕刻出的形象立体感不强,形象不够鲜明。为了弥补这一缺陷,造型时采用石雕和木雕手法,强调体面关系,突出形体基本特征。为求轮廓鲜明,在此基础上,精雕细刻,或者实行两面雕刻,使线条互相相交,雕痕纵横交错,在光线反射作用下,尤显玲珑剔透,从而取得远视、近视俱佳的观赏效果。

度所致。简单来说，高山地区温度比平地低，每上升100米，温度即降低0.6℃，当温度降至0℃时，又有足够的湿度及雨量，便会下雪；而下雪的地方，形成一条无形的线，即所谓雪线。雪线以下温度未达0℃，不会下雪；雪线以上的地区，温度为0℃以下，才会下雪。当冬天来临时，温度降低，雪线以上的高山地区快速积雪；而春天来临时，温度上升，将积雪融化成水。当积雪还未完全融化的时候，冬天又来了。于是温度降低，水遇冷结成冰，并再次下雪，堆积在原先的冰上。如此年复一年，当冰的厚度累积到某种程度时，因地心引力，便顺山势滑动，于是形成冰河。

化石林国家公园

化石林国家公园位于美国亚利桑那州北部阿达马那镇附近。这里是世界上最大、最绚丽的化石林集中地。数以千计的树干化石倒卧在地面上，直径平均在1米左右，长度在15~25米，最长达40米。在完整的树干化石周围，还有许多破碎零散的化石木块。这些石化的树木年轮清晰，纹理明显，宛如碧玉玛瑙夹杂着片片碎琼乱玉，在阳光之下熠熠发光，使人眼花缭乱，叹为观止。

化石林国家公园地区有6片密集的"森林"。最美丽的叫作彩虹森林，其他的如碧玉森林、水晶森林、玛瑙森林、黑森林和蓝森林。它们原是史前林木，约在1.5亿年前的三叠纪被洪水冲刷裹带，逐渐被泥土、砂石和火山灰掩埋，后来这里几经地质变迁、陆地上升，使这些埋藏在地下的树干得以重见天日。可是其木质细胞已经发生矿化作用，又被溶于水中的铁、锰氧化物染上黄、红、紫、黑和淡灰等颜色。如此日积月累，就成了今天五彩斑斓的化石树。

在化石林国家公园地区，还发现有陶器碎片。据考证，早在公元6~15世纪，就已有从事农业生产的印第安人在此生息。在"报纸岩"上，游人可

漫长的地貌变化

以看到许多古印第安人留下的石刻，石刻的内容包括象形文字、大块砂石上雕刻的各种花纹、巨狮石刻以及人形的图案。此地的居民曾用化石树做成房屋和桥梁。离玛瑙桥不远有几个眺望点，极目远望，漫山遍野全是化石树段，不由得让人惊叹大自然的神奇创造力。

在零星散落的彩色化石岩林中，有一处景致不可错过，那就是长2000米，名为"蓝色弥撒"的环形路两侧山坡的迷人景色。从这里向下俯视，蓝紫色的山丘高低起伏，营造出一种身处外星球的奇异梦幻的色调。

化石林国家公园

但是不管游客如何喜爱那些琳琅满目的可爱岩片，采撷一两片带回家去却是绝对不允许的。据说，在最早一批探险家发现化石林之前，岩石晶体的颜色还要丰富得多。后来，随着人们纷至沓来，将晶体开采后运出园外，当时一些很常见的颜色，像半透明的紫水晶色、烟白色、柠檬黄色的晶体，现在已经见不到了。

化石林国家公园中的多处化石林中，尤以公园南门附近的"彩色沙漠"最为著名。据说，"彩色沙漠"的奇异景致最早是由来此探险的一群西班牙探险家发现。他们惊诧于这里的岩石呈现出的宛如七色彩虹一般多彩、明快的色调，于是给这片岩石地取名"彩色沙漠"。光秃起伏的沙丘地，单一呆板的土黄色，美国化石林国家公园内这片荒漠原本只是了无生趣的沙丘地。但是，有了屹立在沙丘上的一片彩色岩石林的点缀和渲染，原本平淡无奇的荒丘顷刻幻化成了色彩斑斓、情趣盎然的"彩色沙漠"。

基础小知识

叉角羚羊

叉角羚羊介于牛科和鹿科之间,角也介于两者之间,类似牛角,分为骨心和角鞘,雌雄均有角,角不脱落,但是角却像鹿角那样分叉,角鞘则每年脱落,然而即便DNA分析仍然难以确定叉角羚羊与哪个离得更近一些。角羚科在史前时期是北美洲非常繁盛的有蹄类,种类繁多,现在仅存叉角羚羊一种,原本数量较多,后被大量捕杀,受到保护后则又有所恢复。

化石林国家公园中央贯穿有一条长45千米的公路,沿途共设有16个山间观景点。这些景点或侧重于横穿"彩色沙漠"的狭长山谷的恢弘气势,或侧重于富有印第安土著文化特色的岩石雕刻。当然,化石林国家公园中最吸引人的景色还是要数由2.5亿年前的树木演化沉积而成的彩色岩石。

化石林国家公园中也不是没有生物的踪迹。叉角羚羊就经常出没在化石林国家公园内,在这里寻找食物。叉角羚羊的角分双叉,略似鹿角,与鹿角一样每年脱落长出新的。但叉角羚羊的角不是从基部脱落,而是从旧角内另外长出新角。叉角羚羊类分布区局限于北美。

叉角羚羊

大特顿国家公园

大特顿国家公园位于美国怀俄明州西北部壮观的冰川山区,1929年建立,占地126平方千米。大特顿国家公园内最高的山峰是大特顿峰,海拔4198米,有存留至今的冰川。分布在该地的冰湖以珍尼湖为最著名。斯内克河上

漫长的地貌变化

用水坝拦堵形成的杰克森湖为当地最大的水域。高耸入云的山巅，覆盖着千年的冰河，山连山，峰连峰，在这里人们宛如进入人间仙境。大特顿国家公园内有成群的美洲野牛、麋鹿和羚羊，还有其他许多种哺乳动物。

大特顿国家公园是美国著名的旅游胜地。该公园内海拔3048米以上的山峰有20余座，是登山者的乐园，还专门设有爬山学校。大特顿国家公园中西部的德顺山脉像矗立在海中的嵯峨岛屿，从远处看，只见几抹白云，走近时，峰峦逼人，万壑千山从杰克逊坳地拔地而起，显得格外高峻挺拔，巍峨雄秀。在这里的开满小红花的碧绿草原上，是一片郁郁苍苍的林群，其上耸立着山色变幻的高峰，从灰到蓝，由蓝到紫，有时几乎与衬托的白云浑然一体。大特顿国家公园东部有一系列冰川形成的湖泊，杰克森湖最大。这里有几条公路贯穿南北，一路上可观赏到冰川偎依着峡谷，湖泊倒映着蓝天，飞瀑倾泻，溪水长流的景色。

大特顿山脉是个长约60千米，宽约20千米的小山脉，在这个小山脉中也只有八个山峰超出海拔3658米，其中最高的大特顿山峰亦只高出海平面4198米而已。大特顿山脉的山峰群是以近似教堂尖顶型的角度，由湖面直插入云霄的。是地块上举作

大特顿国家公园

广角镜
花岗岩

花岗岩是一种岩浆在地表以下凝固冷却而形成的火成岩，主要成分是长石和石英。在成因方面，有人认为花岗岩是地壳深处的花岗岩浆经冷凝结晶或由玄武岩浆结晶分异而成，也有人认为是深度变质和交代作用所引起的花岗岩化作用的结果。许多有色金属矿产如铜、铅、锌、钨、锡、铋、钼等，贵金属如金、银等，稀有金属如铌、钽、铍等，放射性元素如铀、钍等，都与花岗岩有关。花岗岩结构均匀，质地坚硬，颜色美观，是优质建筑石料。

用造成了大特顿山脉，但周而复始的冰河时期，才是真正的石雕家。大特顿山脉隆起后，经数百万年的侵蚀作用，冲刷掉了原本山脉外层比较松软的沉积岩层，使得构成地底深层的坚硬花岗岩、片麻岩露出。而后大约在 15 万年前的冰河时期，此地气候逐渐变冷。年复一年的厚雪积在山中的洼地或溪流的源头，又加上洼地或水源地承受了附近山上的崩雪，使得深厚的雪堆聚成冰。当冰的体积逐渐增大时，冰的重量使冰本身渐往低处移动。此时原本的洼地或水源地也不断有新的冰雪聚集，进而成为冰河源头。如此的作用就产生了一条山岳冰河。

大特顿国家公园的春天

大特顿国家公园内的湖水主要来自大特顿山脉的溪流及冬季积雪，而园区内最大的天然湖泊是长达约 26 千米、最深处有 130 米的杰克森湖。它与公园内其他湖泊最不相同的是，它主要的水源是汇流了黄石国家公园南半部区域溪流的斯内河。因此杰克森湖对其西邻的爱达荷州的农业灌溉颇为重要。

夏威夷火山国家公园

夏威夷火山国家公园位于太平洋中的美国夏威夷州。1987 年，联合国教科文组织将夏威夷火山国家公园列入《世界自然遗产名录》。该国家公园面积 929 平方千米，主要包括莫纳罗亚和基拉韦厄两座现代活火山。自海底喷发的火山，造就了太平洋上成串如珠的夏威夷群岛，岛上至今仍未停息的火山长年不断地"吞云吐雾"。夏威夷火山国家公园内不但植被丰富，而且还吸引了各种动物在此繁衍生息，由此构成了一座多彩多姿的生态乐园。

夏威夷群岛最早期的拓荒者是一群来自大洋洲马克萨斯群岛的水手。他

漫长的地貌变化

们在公元 600 年时找到前往夏威夷群岛的路径，带了食物和牲口，从夏威夷岛南端登陆。至于他们为何离开故乡，移居到 1600 多千米之遥的地方，原因无人知晓。但有部分历史学家推测，他们可能是在探险途中受到火山烟云或爆发时的橘红色光辉吸引。

1778 年，英国探险家库克为寻找大西洋与太平洋间的最短航程，意外地发现了夏威夷群岛。他以当时海军将领的名字为诸岛命名，从此开启了西方人士的探险之门。在库克船长航行到此后不久，夏威夷岛的酋长卡美哈美哈借助西方的作战技术降服各岛，建立夏威夷王朝，并对当时销往中国的白檀木征收出口税，奠定了王室的基础。库克船长的意外发现不但促使夏威夷与西方开始文化交流，其特殊的火山地质景观更使得探险家们对此地趋之若鹜。

西方国家最早记录夏威夷火山爆发的文献出自英国传教士艾里斯之手。他在 1823 年跟随三位美国人和一群当地向导，徒步攀爬至基拉韦厄火山的峰顶。在当时交通不便的年代，这段路途需不畏艰辛，且需费时数日才能到达。除了艾里斯之外，从 18 世纪中期到 19 世纪，更有络绎不绝的科学家、探险家和游客不辞艰辛地来到这里，沿着垂直陡峭的火山口壁边缘，寻找与地球其他地区全然迥异的景观。

1916 年 8 月 1 日，美国总统威尔逊签署了设立夏威夷火山国家公园的法案。后来经由收购、捐赠及美国国会的争取，该公园的范围逐渐扩大，到 1922 年已超过创建时的两倍，面积广达 929 平方千米。

夏威夷岛上的风光

夏威夷岛是夏威夷群岛面积最大的岛屿，比所有其他岛屿面积的总和还要大。这个岛是由两座活火山在几十万年前从海底冲出水面形成的，斗转星移，形成了海滩、热带雨林、火山地貌这样一个多彩多姿的宝岛。

夏威夷群岛中的夏威夷岛目前正位于热点的中心，是夏威夷群岛中火山活动最频繁的地方。夏威夷岛的火山主要有莫纳罗亚和基拉韦厄两座活火山。夏威夷火山的最大特点是高度流动性的玄武熔岩，而不是爆炸式的火山喷发。在长达近200年的岁月中，这里只有一个人死于火山爆发。所以夏威夷火山不仅不是死亡坟场，而且还被设立为国家公园，成为人们游览的胜地。

莫纳罗亚火山海拔4170米。这座圆锥形的火山是从水深6000米的太平洋底部耸立起来的，从海底到山顶高度超过10 000米，比世界最高峰珠穆朗玛峰还高出1000多米，为岛上第一大火山。倾泻的大量熔岩使莫纳罗亚火山山体不断增大，有"伟大的建筑师"之称。

莫纳罗亚火山喷发时的熔岩河

莫纳罗亚火山是一座典型的盾形火山，每隔一段时间便会爆发一次。在过去200年间，莫纳罗亚火山约喷发过35次，至今山顶上还有好几个锅状的火山口。1959年11月，莫纳罗亚火山爆发的熔岩冒着气泡从一个长达千米的缺口处喷射出来，持续时间达1个月之久，岩浆喷出的最大高度超过了纽约的帝国大厦，流出的熔岩达4.6亿立方米，足以铺设一条环绕地球四周半的公路。莫纳罗亚火山最近的一次喷发发生在1984年4月，喷发的熔岩向夏威夷岛首府希洛方向流了27千米，大喷发前巨大的热浪在火山上空形成滚滚乌云，云层又产生雷电，以致出现了下雪天气。有时为了保卫附近的渔村民居的安全，政府会动用飞机轰炸以改变熔岩流向。那举世罕见的壮观场面，吸引了来自世界各地的游客，前来进行科学研究的科学家更是络绎不绝。

基拉韦厄火山耸立在莫纳罗亚火山的东南侧约32千米处，海拔1243米，为岛上第二大火山。基拉韦厄火山山顶形成一个茶碟形的火山口盆地。盆地之内以赫尔莫莫火山口最为著名。过去这里的熔岩像湖面的湖水，经常如潮

漫长的地貌变化

汐般涨落。基拉韦厄火山在1959年大爆发时，熔岩喷射高度达580米。20世纪80年代以来，它更为活跃，从1983年初到1984年4月，爆发了17次。基拉韦厄火山爆发时，火焰飞溅，熔岩奔腾，岩浆像喷泉一样向上翻涌，有的从火山口溢出，有的从岩层裂缝中迸泻而下，金黄色的巨流像巨大的炼钢炉中倾泻出的钢水，汹涌澎湃，蔚为壮观。因其可以预测的火山喷发时间及火山熔岩的流向，所以是地质学基础性调查和研究的理想场所。如今，这里已成为世界上最重要的地震火山研究中心。

除了壮丽的火山，夏威夷群岛还是众多动物繁衍生息之地，有山羊、山猪、鹿、猫鼬等哺乳动物，以及夏威夷雁、吸蜜鸟等特有鸟类。由于夏威夷群岛经历了外族迁徙，生态结构改变，包括动植物在内的本土原生物种已不多见，但岛上现存的昆虫中，仍有约10 000种是此岛仅有的。

猫鼬

你知道吗

猫鼬

猫鼬又名蒙哥，直立身高仅约30厘米，是一种小型、花面的哺乳动物，居住在地球上最炎热、最干旱的地区。作为獴科动物之一，这种可爱、早熟且喜欢群居的动物，性情凶暴起来足以杀死一条眼镜蛇。

夏威夷火山国家公园有5000个物种是从外部带进来的，其中25种特别有破坏性。例如，原产于加那利群岛的硬木树、来自巴西的草莓番石榴、来自南美洲的香蕉藤和一种名叫"科斯特的诅咒"的中美洲灌木等。它们的繁殖能力很强，扼杀了当地的植物。但是人们已经对这些有害植物宣战。人们从加那利群岛进口了一种昆虫来对付硬木树，但见效甚为缓慢。夏威夷火山国家公园的植物学家琳达·普拉特试用了各种除莠剂，但这项艰难的工作要冒破坏无害植物、污染水域的风险。"要生存还是死亡"的海报四处张贴，向人们展示一种野牡丹属植物的名称和照片。必须在这种繁殖迅速的植物布满全岛之前就根除它。这种植物在塔希提（法属波利尼西亚）已经占领了 3/4 的丛林地带。

如今夏威夷火山国家公园已成为首屈一指的观光胜地，它吸引了世界各地的艺术家不远千里地来到公园旁的火山村或其周围地方定居，以便从事艺术创作。

大沼泽地国家公园

大沼泽地国家公园位于美国南部的佛罗里达州，建于 1948 年，面积约 5670 平方千米，属热带与亚热带。这里沼泽遍布，河道纵横，小岛数以万计，陆地、水泊、蓝天浑然一体。整个大沼泽长约 100 千米，宽约 80 千米，其中央是一条浅水河，河上有无数低洼的小岛，或所谓硬木群落，星罗棋布。当河流向东南方缓缓地流淌时，大海与之汇合，咸水和淡水融为一体。这里水中的生活环境为无数的鸟类和爬行动物，以及海牛一类的濒危动物提供了很好的避难场所。

大沼泽地国家公园

美国作家道格拉斯曾经把佛罗里达州的这片沼泽地描述为"地球上一个独特的、偏僻的、仍有待探索的地区"。她写道："大沼泽地广阔无垠，波光粼粼；碧蓝闪耀的苍穹，清风有力地吹拂着，其中夹杂着咸中透甜的气味。浩瀚的水面上布满茂密的莎草，翠绿色和棕色的莎草交织成一大片，闪烁着

> 漫长的地貌变化

异彩；草丛下，流水静淌。"

佛罗里达州南部的印第安人则把这片沼泽地称为"绿草如茵的水域"。这里大部分属地势低洼平坦的水涝地，辽阔的莎草丛可高达4米，稠密的亚热带森林和柏树丛生的沼泽，使人感到仿佛有恐龙隐伏在神秘的丛林深处。

大沼泽地国家公园的生态莎草草原生机勃发。在莎草丛生处可以

大青鹭

看到青蛙，在另一边，裂开似的荚果里是成群的蚱蜢。每逢夏天，热带斑纹蝴蝶便经常在这里出没。水中生长着许多种鱼、蝌蚪及蜗牛等软体动物。大沼泽地区有大量水生物，是鸟类的胜地。19世纪80年代，随着更多拓荒者的涌入，成千上万只鸟儿被杀以供给羽毛。1905年，该地区通过了一项禁猎法律以保护这一带的鸟雀。现在有超过350种鸟雀在此栖息或经常到访，包括篦鹭、大青鹭、白鹭等。

知识小链接

篦鹭

篦鹭是大型涉禽，体长为70～95厘米，体重2千克左右，黑色的嘴长直而上下扁平，前端为黄色，并且扩大形成铲状或匙状，很像一把琵琶，十分有趣。篦鹭虹膜为暗黄色，黑色的脚也比较长。篦鹭夏季全身的羽毛均为白色，具有长的橙黄色发丝状冠羽，前颈下部具橙黄色颈环，额部和上喉部裸露无羽，颜色为橙黄色；冬季的羽毛和夏羽相似，全身也是白色，但没有羽冠，前颈下部也没有橙黄色的颈环。

目前，大沼泽地国家公园内有14种鸟类濒临灭绝，外来物种的入侵、鱼

类及其捕食者的汞中毒等都严重威胁着这个公园的生态。受湿地生态环境改变的影响，佛罗里达湾已经由原来物产丰富的河口，变成了现在的"海藻汤"（注：海藻的剧增是生态环境恶化的标志，如赤潮）。

　　大沼泽地国家公园还有许多珍稀动物。曾面临灭绝危险的美洲短吻鳄，如今正在这里繁衍生息。20世纪初曾被大量捕杀的玫瑰色阔嘴鸭鱼和泥龟、海豚和幼鲨在这一带酷热的水域内寻找红树树根，栖息其中。橄榄绿色的美洲鳄，鼻子比短吻鳄更长更窄，目前在美国，大沼泽地国家公园内的大赛普里斯保护区是这些美洲鳄的唯一栖息地。体形优美的海牛在该地区的海中游动。海牛一般长约3米，重约500千克。海岸附近繁忙的水上交通导致许多海牛死亡，更多的则是被机动船的螺旋桨弄至伤痕累累。目前佛罗里达州仅剩下约1000头海牛，保护海牛的计划正在进行中。

美洲短吻鳄

　　遭受文明伤害的不仅仅是海牛。20世纪早期拓荒者发现死去的莎草层是很好的肥料，于是开始排水、灌溉。现在约1/4的大沼泽地成了农田。运河改变和控制了水流。这一切破坏了水和野生动物之间的平衡。但形势正在转变，曾被农业污染的奥基乔比湖正在进行净化工作。

卡特迈国家公园

卡特迈国家公园位于美国阿拉斯加半岛。卡特迈国家公园的出名在很大程度上与卡特迈峰的诺瓦鲁普塔火山在1912年的爆发有关。据测算，诺瓦鲁普塔火山的那次爆发强度要比1980年圣海伦斯火山爆发的强度大10倍，在历史上也十分罕见，火山四周几十平方千米的地区落下的火山灰有200米厚，烟尘飘散范围极其广泛。在火山爆发最猛烈的那几天，离诺瓦鲁普塔火山有上百千米远的科迪拉克镇被浓烟笼罩，几步之外视野一片模糊。

诺瓦鲁普塔火山

直到1916年，才有人开始对1912年的卡特迈峰诺瓦鲁普塔火山爆发造成的危害进行评估。美国国家地理协会组织的探险队队长吉格斯这样描绘了当年观测到的火山灰飘落的情景："整个峡谷最远只能看到几百米远，火山灰引起的火山烟尘飘荡在山谷上空，空气十分呛人。"而这时，时光已经过去了4年。探险队发现诺瓦鲁普塔火山仍然冒着上千条烟柱，大部分都有几十米高，少数的烟柱竟然高达百米。"我们目瞪口呆，心里充满了恐惧，"吉格斯回忆道，"我们被彻底吓倒了。我们无法正常思考或者行动，真是令人胆寒的恐怖。"

吉格斯把这一地区命名为"烟之谷"，并且发起了保护这一地区的运动。1918年，卡特迈国家公园成立。60多年后的1980年，该公园的面积有所扩大，公园新增加后的面积超过1万平方千米。今天，尽管时光已经吸干了

"烟之谷"的烟雾，但每年仍有5万多名游客慕名而来观光。卡特迈国家公园内的15座随时都可能爆发的活火山对游客具有极强的吸引力。

卡特迈峰地区的另一引人之处是公园内的棕熊。作为陆地上最重的肉食动物，有的棕熊体重重达1吨多。在每年的七八月份，这些贪吃的家伙把大部分时间都花在到布鲁克斯河与纳克奈克湖之间的水边去捕食味道鲜美的大马哈鱼。人们可以在河边的观景台上就近观赏到这些大家伙的忙碌身影。卡特迈国家公园的动物除了棕熊之外，还有驼鹿、北美驯鹿、野狼等。而该地区的湖泊里则生活着数量众多的天鹅、野鸭和各种海鸟。另外，还有数量众多的北极燕鸥在这里栖息。它们每年都在阿拉斯加和南极之间来回奔波。

棕 熊

知识小链接

驼 鹿

驼鹿是世界上最大的鹿科动物，体长210～230厘米，肩高177厘米，成年雄鹿体重200～300千克，是驼鹿属下的唯一种。驼鹿的头又长又大，但眼睛较小，成年雄鹿的角多呈掌状分支，喉下生有颌囊，雄性颌囊通常较雌性发达，鼻部隆厚，上唇肥大，肩峰高出，体形似驼，故而得名。驼鹿为典型的亚寒带针叶林动物，单独或小群生活，多在早晚活动。

阿拉斯加常见的海鸟是北极燕鸥，北极燕鸥是北极地区常见的鸟类。它们主要分布在欧洲、亚洲和北美洲的北部环北冰洋沿岸和岛屿上。北极燕鸥

> 漫长的地貌变化

全身灰白色，头顶的颜色显得稍微深一些。每年夏天，北极燕鸥的嘴巴和腿都变成红色。冬天来临的时候，北极燕鸥的嘴和腿的颜色又都会变成深红色。北极燕鸥幼鸟的翅膀背面是白色的，随着时间的推移，翅膀的颜色会逐渐变成较深的灰色。

北极燕鸥以常见的无脊椎动物为食，像昆虫和海洋软体动物都是北极燕鸥的美味佳肴。北极燕鸥的巢总是建造在紧靠海边的沙地上。它们在沙地上挖个坑就算是安家落户了。每当繁殖季节到来的时候，成千上万的北极燕鸥在海边的沙地上筑巢的情景蔚为壮观，海滩上一片鸟声鼎沸。

北极燕鸥每次只产下1~3枚卵。雌鸟和雄鸟共同担负孵化下一代的任务。在20多天的孵化期里，雌鸟和雄鸟总是轮班进行孵化工作。它们还不时地翻动巢里的鸟蛋，让鸟蛋上不同的部位都能保持相对恒定的温度。幼鸟出壳后的两天内，就可以跟着父母到海中游泳，学习捕食的方法。再过20~22

北极燕鸥

天的时间，雏鸟的羽毛逐渐丰满，翅膀越来越有力，它们终于可以在蓝天上飞翔了。在冬天来临之前，它们要迁徙到地球的另一端——南极去越冬。来年春天，它们还会从南极飞回北极。因此，它们是全世界候鸟中迁徙距离最远的鸟类。

漫长的地貌变化

其他奇观

　　乐业天坑、路南石林、西双版纳，还有阿拉斯加极光，这些壮丽的奇观无疑地透露出大自然的鬼斧神工。本章重点介绍一些在前几个章节中没有提到过的自然奇观，让你在阅读本章的同时更能感受到大自然的美妙与多姿。

乐业天坑

　　天坑是一种岩溶或称喀斯特地质现象。岩溶发生在地面上，则形成洼地、峡谷、石林；如果岩溶发生在地下河里，则会产生溶洞。天坑是喀斯特地貌中的地面与地下的一种综合性产物，一般在地表的小型的称为喀斯特漏斗。当喀斯特漏斗形成巨大的溶蚀空间和深度时，它必然与地下密切接合，这时的喀斯特漏斗被赋予特定的名称如天坑、巨型漏斗等。天坑的形成机理包含下列几方面因素：

　　1. 区域性地质构造中的断裂系统。断裂系统包括主断裂、次一级、复生的无数羽状断裂的互相结合，张性为主的断裂更有利于天坑的形成。地壳多次的抬升运动和剧烈震荡引发地下河的下沉，地下溶洞沿断裂发生多次垮塌，造成天坑的规模和体积增大。

　　2. 溶解作用。伴随地壳反复的垂直运动、往返错动，溶解作用加速岩石的崩解、脱落和溶解。

　　3. 地表水沿断裂系统下渗。地表水必须呈酸性，氧化、还原电位的改变，才能对石灰岩进行侵蚀、溶解，形成碳酸钙、碳酸氢钙、重碳酸钙溶液被带走。

　　4. 地下水的活动和地下潜水面的不断改变。地下热水温度上升改变或加速侵蚀、溶解固体碳酸钙，转变成液体碳酸钙溶液。

　　5. 地下水中的生物化学作用如藻类的存在可促进固体碳酸钙溶解。

　　6. 热湿的气候环境有利于固体碳酸钙溶解。

广角镜

碳酸钙的用途

　　碳酸钙的用途十分广泛：检定和测定有机化合反应中的卤素，水分析，检定磷，与氯化铵一起分解硅酸盐，制备氯化钙溶液以标化皂液，制造光学钕玻璃原料、涂料原料，食品工业中可作为添加剂使用。

7. 地下潜流（暗河）发育，促进了石灰岩的溶解。

8. 地区的年降水量，如乐业地区年平均降水量近 1400 毫米。

9. 在地下形成大型的溶洞。

10. 在上覆岩层重力的作用下，溶洞不断往下崩塌，直到最后洞顶完全塌陷暴露。

乐业天坑位于广西百色地区乐业县。乐业天坑是一种世界罕见的地质奇观——喀斯特漏斗群，又称乐业天坑群。这是世界上已发现的最大的天坑群。它由 20 多个天坑组成，其中最大最深的天坑叫大石围天坑，深达 613 米，南北走向宽 420 米，东西走向长 600 米，周边为悬崖绝壁，底部有大片原始森林。

形成于 6500 多万年前的乐业天坑群已被公认为世界最大的天坑群。它被称为"天坑博物馆"和"世界岩溶圣地"。其中被称为大石围的最大的天坑坑底原始森林的面积达十几万平方米，位居世界第一。乐业天坑群曾是一片汪洋大海，后来形成了巨厚的海底沉积物，以碳酸盐为主体的石灰岩厚达 80% 以上。海西运动使陆地相对扩大，燕山运动使这里隆起了高高的山岭，从此这里经历了长达两亿多年的风化剥蚀时期。在这漫长的地质历史中，各种地质作用包括物理的、化学的、微生物的风化作用从未间断，永不停歇地改造着这片巨厚的石灰岩层。区域性高纯度的石灰岩广泛分布，造就了乐业县境内天坑群、冰洲石群的大量出现。乐业天坑群有丰富的地下水系，最后全部汇入红水河。然而这一带无一条地表水系，这说明地下分布着发育良好的地下河溶洞群系。

大石围天坑位于乐业县同乐镇刷把村的北边，属红水河南端的干热河谷

乐业天坑

漫长的地貌变化

地带，经国土资源部地质专家和岩溶洞穴专家实地考察论证，大石围天坑的地下原始森林面积为世界第一；大石围天坑的深度约为613米，居世界同类大型岩溶漏斗第二，其长约为600米，宽约为420米，容积约为0.8亿立方米，也处于世界第二位，有世界"岩溶圣地"之美称。此处是集独特奇绝的溶洞与原始森林和珍稀动植物于一体的垂直竖井，形成天然的洞底有洞，洞中有河。这里还有冷热相交汇的两条地下暗河，地下暗河中的石笋挺拔丛生，石柱峭然擎天，石帘晶莹透亮，石瀑到处都有，景观奇特迷人。在大石围天坑的周边村屯又有独特奇绝的百洞、神木、苏家坑、邓家坨、甲蒙、燕子、盖帽、黄、风岩、大坨、穿洞等20多个石围，形成了世界上独一无二的天坑群。

地下原始森林

乐业天坑群中上层乔木以香木莲为主，天坑底部香木莲一般为成年大树，树围2米左右，树高30米者不在少数。乐业天坑群中针阔常绿落叶混交林植物群落乔木有短叶黄杉、福建柏、细叶云南松、鹅耳枥、苦丁茶、青冈、细叶青冈、酸枣，灌木和草本植物如九里香、鼠刺、寒兰等。乐业天坑群中的棕竹，生长年代久远，基部"竹节"分外明显，节间显黄绿色光泽。一般高度在5~6米，成片分布的天然野生棕竹，在我国森林中十分罕见。

基本小知识

苦丁茶

苦丁茶是中国一种传统的纯天然保健饮料佳品，来源为冬青科植物大叶冬青的叶。它生于山坡、竹林、灌木丛中，分布于长江下游各省及福建。

路南石林

　　路南石林位于云南省路南彝族自治县。这里距昆明 120 千米，是世界闻名的喀斯特地区之一，被人们赞誉为"天下第一奇观"。路南石林景区植被生长良好，森林覆盖率为 30%。目前，路南石林风景区有小型的哺乳动物、爬行类动物、鸟类和昆虫等。凡滇中地区适宜的木本植物和花卉，在路南石林都可生长。

　　据科学鉴定，距今 2.7 亿年前，路南石林地区还是一片汪洋，海底沉积有厚厚的石灰岩，经中生代地壳的运动，海底上升露出水面形成陆地。200 万年来，在高温多雨的环境中，在强烈的溶蚀和日复一日的风化作用下，海水和雨水沿着构造裂隙运动，使溶沟不断地扩大和加深，久之先成石芽，继而形成千百万座拔地而起的石峰，与众多的石柱、石笋连片成群，最后形成了今天我们看到的路南石林。

　　在路南石林间的峡谷小路中穿行，就像在艺术博物馆中参观一样。众多巨石拔地而起，千姿百态，形态各异。人们根据石头的外形赋予了它们美丽的传说，其中最著名的就是阿诗玛峰的故事。

路南石林

　　阿诗玛峰位于路南石林边缘，从某个特定角度看它，宛若一个身背花篮、亭亭玉立的美丽少女，她就是中国的少数民族撒尼族传说中的姑娘阿诗玛的化身。出于对她的怀念和敬仰，人们都喜欢与阿诗玛峰合影留念。

　　阿诗玛峰的倩影是路南石林最美的风景。此外，路南石林中还有骆驼峰、

漫长的地貌变化

象石等众多传神的石刻作品。在路南石林，大自然的鬼斧神工给人无限的惊叹和感慨。

路南石林的发育，离不开地下水道系统的支持。完善的地下水道系统，能不停息地将溶解了石灰岩的水溶液冲走，保证溶蚀过程持续不断地进行下去，最终塑造出像石林这种规模巨大、石峰造型千姿百态的地貌奇观。而地下水道自身也被不断地溶解，因此出现了地下溶洞，并随着地壳的变动，地下水的改道，而有了错综复杂的溶洞。

阿诗玛峰

在喀斯特地貌地区，溶洞很常见。路南石林的地下有许多神奇的溶洞，例如芝云洞和奇风洞。芝云洞位于路南石林西北约3000米处，是岩溶地貌的地下奇观之一。芝云洞洞内有洞，大者可容千人，四壁布满石钟乳，击之有钟鼓声；另有石床、石田、石浪、石秤等物，谓之"仙迹"；洞顶岩溶滴落，历经亿万年，或如仙翁拄杖而立，或如玉笋、宝塔，或如青蛙跃然欲行，莫不惟妙惟肖。奇风洞位于大小石林东北5000米处。它由间歇喷风洞、虹吸泉和暗河三部分组成。

路南石林的另一景色就是那些低等生物了。如果分别在冬季和夏季来到路南石林，人们就会注意到石林的颜色大不一样。原来当雨季来临时，附在岩石表面的藻类和苔藓，由于水分充足，

你知道吗

石笋

石笋是指在溶洞中直立在洞底的尖锥体。石笋的形成一方面由于水分蒸发，另一方面由于在洞穴里有时温度较高，水溶解二氧化碳的量减小，所以，钙质析出，沉积在洞底，日积月累就会自下向上形成石笋，从上往下生长的是石钟乳。

生长旺盛，呈现一种墨绿色，使整个石林远看像一幅水墨画一般；冬季寒冷无雨时，石头上的藻类与苔藓干枯了，石林便呈现出一种灰白色。又由于石灰岩表面分布着一条条溶痕，凹凸不平，藻类与苔藓的分布也就相应不同，因此即使就单一的石灰岩来看，颜色也仿佛"墨分五彩"般具有丰富的层次。

元谋土林

路南石林已经驰名中外，元谋土林也足以与它争奇斗艳。元谋土林分布在云南省元谋县西部和西北部的白草岭山脉余脉以及蜻蛉河、勐冈河、班果河沿岸，总面积43平方千米。元谋土林中虎跳滩、班果、新华等地土林分布集中，保存完好，面积较大。土林是沙、土、砾石堆积物在干热气候条件下，经过大自然的加工改造而逐步形成的。由于土林的沙砾中含有多种矿物质，使得土林呈现出粉红、浅绿、橘黄、玫瑰红等色泽，随光照角度变化，色彩变幻无穷。

元谋土林属于地质新生代第四纪沙砾黏土沉积岩，这一地层岩层倾斜较缓，有利于保持岩柱稳定。由于这个层位有较多的膨胀土成分，雨后泡水体积膨胀，干季失水体积缩小。同时还由于元谋土林正处于沙砾岩内，铁质皮壳与粉砂岩黏土层软硬相间，沿软岩层凹进，硬岩层突出，不断地发育成长。就是在这样特殊的地质条件下，经过亚热带地区长期的烈日曝晒、雨水冲刷和切割，才形成这一自然奇观。元谋土林的基本构成是一座座黄色的土峰土柱。土峰土柱的顶端大都呈圆锥

元谋土林

漫长的地貌变化

形或扁平形，犹如带了一顶顶土帽。据考证，土柱表层物质被风雨等外力剥蚀、运走，沉积层中的铁、钙质凝结为坚硬且不透水的胶结层暴露出来，形成天然的土帽，使得土峰土柱受到相应保护，因而不易倾倒。如果说水土流失是土林形成的主要原因，那么"土帽"则使成型的土峰土柱能够岿然独存。

元谋土林中比较著名的是虎跳滩土林、班果土林和新华土林。虎跳滩土林位于元谋县城西北32千米的物茂乡虎溪行政村，又称芝麻土林，总面积2.3平方千米。虎跳滩土林形态以城堡状、屏风状、帘状为主，高度一般为10~15米，最高27米。从远处眺望虎跳滩土林，沟壑纵横，荒凉粗犷，犹如一座废弃的城堡，而近看则像一组组工程巨大的艺术群雕。虎跳滩土林主沟为东西向的干涸河床，河床表面为黄色细沙和彩色砾石，而支沟则分布在主沟南北两侧。

班果土林位于元谋县城西18千米平田乡南400米沙河处，总面积14平方千米，是元谋土林中面积最大的土林。由于班果土林是土林发育老年期残丘阶段的代表，所以土林高度一般在3~8米，最高12米。班果土林的土柱分布稀疏，个体发育良好，群体较少，主干沙河河谷及其支沟表面堆积着较厚的灰白色细沙。班果土林以柱状、孤峰状为主，造型奇特。这里由于缺水，植被较差，只有少量的草丛。正因为如此，班果土林保持了土林的原始风貌，显示出土林的雄浑壮观。班果土林的土柱表面夹杂有闪烁的石英砂和玛瑙片砂，如同镶嵌了宝石，在阳光的照耀下，五光十色。

新华土林

新华土林位于元谋县城西33千米处新华乡境内，距班果土林15千米，地处元谋、大姚、牟定三县交界处，总面积达8平方千米，由华丰、浪巴铺和河尾三片土林组成。新华土林高大密集，类型齐全，圆锥状土林发育良好，一般高 8~25 米，最高达 42.8 米，居元谋土林之冠。新华土林色彩丰富，土柱顶部以紫红色为主，中部为灰白色，下部则以黄色为主。从远处看新华土林，就像一座座富丽堂皇的宫殿，走进去犹如置身于古堡画廊中。

黄 龙

　　黄龙位于我国四川省阿坝藏族羌族自治州松潘县境内。整个风景名胜区总面积 1340 平方千米，其中黄龙风景区面积为 700 平方千米。这里平均海拔 3100 米，年平均气温 5℃，在浅黄色的地表钙华堆积体上，八大彩池群层层叠叠，如巨龙的鳞甲闪耀着五彩缤纷的波光；黄龙飞瀑的轰鸣与岩溶流泉的轻唱遥相呼应，构成了一首永不停息的交响乐。

　　距今 200 万年以前，地球的造山运动使岷山山脉伴随着青藏高原一同快速隆起，黄龙沟也在这一时期形成了典型的冰川"U"形谷地。

　　黄龙地区属古生代和三叠纪以碳酸盐成分为主的地层，地质结构复杂。黄龙古寺南侧的望乡台断裂带是重要的地下

黄龙沟

水通道，富含碳酸氢钙的地下水通过深部循环在此出露，成为黄龙钙华堆积的源泉。这些水流经黄龙沟凹凸不平的河床，加上树根、落叶的局部阻塞，在温度、压力、水动力等因素变化的影响下，水中的碳酸钙沉积下来，形成钙华塌陷、钙华滩流、钙华瀑布等独特的露天钙华堆积地貌。这一地貌的形成和水生植物也有密切关系，科学家们称之为"生物喀斯特作用"，其原理主要由两方面组成：一是光合作用，水生植物在白天吸入水中的二氧化碳，产

漫长的地貌变化

生氧气，使钙华沉积；二是呼吸作用，水生植物在夜晚吸入水中的氧气，产生二氧化碳，使钙华溶解。是否出现钙华沉积，则要看净光合作用（总光合作用与总呼吸作用之差）的大小。据实验，只有在一定低温（低于20℃）范围内，净光合作用才会达到最大值。由于黄龙地处高寒山区，在具备充足的钙华沉积物源的基础上，低温的环境和良好的植被便成为促进地表大量钙华堆积的主因。在黄龙沟的彩池、滩流和瀑布中，常常可以看到围绕和依附植物茎干和枝叶形成的钙华，这是"生物喀斯特作用"促进钙华沉积的典型例证。这种高山、高寒环境下形成的大规模钙华堆积地貌是世界上绝无仅有的景观，具有重要的科学价值和美学价值。

在相对高差达 400 余米的黄龙沟中，古冰川塑造的地貌经过长期的钙华沉积，形成了一系列似鱼鳞叠置的彩池群。巨大的水流沿沟谷漫溢，注入池子，层层跌落，穿林、越堤、滚滩，最后汇入涪江源流，形成一个完整的水文地质单元。八群彩池，规模不同，形态各异。"洗花池群"为进沟第一池群，掩映在一片葱郁的密林之中，20 多个彩池参差错落、排列有序，池水如明镜一般镶嵌在似金如银的钙华体上，彩光闪烁。位置最高的"浴玉池群"由 693 个彩池组成，面积 21 056 平方米，是黄龙最大的一个彩池群。这里

"洗花池群"

池埂低矮，池岸洁白，水平如镜，个个彩池宛如片片碧色玉盘。湖中的古木、老藤被钙华塑成一件件艺术珍品，有的似雄鹰展翅，有的似猛虎下山，有的似珊瑚林立，栩栩如生。冬天，在一片冰雪世界中，唯有这里，彩池仍如碧玉、翡翠一般，分外夺目。"争艳池群"的 658 个彩池中，池水呈现出各种不同的色彩，五光十色，争奇斗艳，是彩池中的佼佼者。

钙华滩流长 2500 米，宽 100 米，浅浅的流水在滩面滚流，一泻千米，阳

光照射下，波光粼粼，晶莹透亮。涉足滩上，似有"千层之水脚下踏，万两黄金滚滚来"之感，使人惊叹大自然造景之神奇。黄龙瀑布规模虽不大，但它飞泻于黄色钙华坡上，流泻于彩池之间，更显得秀美多姿，别有情趣。黄龙洞内，酷似尊尊佛像的石钟乳似幻似真。位于巨型钙华瀑壁的"洗身洞"小巧玲珑，洞内石笋、石钟乳千姿百态，掩映在如纱似绢的瀑布之中。黄龙似一座巨大的象牙雕刻的碧海琼宫，其构景之精美、奇巧胜过能工巧匠。

西双版纳

美丽富饶的西双版纳位于云南省南端，东南部与老挝接壤，西南部与缅甸交界。西双版纳具有非常独特的亚热带风光，这是在我国其他地区很难见到的，而且动植物资源非常丰富，素有"植物王国"、"动物王国"、"药材王国"三大王国的美称。她拥有神秘的原始森林、奇异的热带雨林风光、繁多的动植物资源、古老而诱人的民族风情，以神奇、富饶、美丽、多姿著称于世。

西双版纳处于热带北部边缘，横断山脉南端，受印度洋、太平洋季风气候影响，具有大陆性和海洋性兼优的热带雨林气候，高温多雨，静风少寒，干湿季分明。这里年均气温在18～21℃，降雨量在1100～1900毫米，全年日照时数达1700～2300小时，整个地势由北向南倾斜迭降，两侧高，中间低，形成深度切割的山原地貌形态。西双版纳最高海拔达2429米，最低海拔477米，具有山区和坝区的明显区别。西双版纳土地面积2万多平方千米，其中山地面积占95%，坝区面积占4%，水域面积

西双版纳热带雨林

漫长的地貌变化

占1%。

在西双版纳海拔500米以下的河谷地带，有着我国面积最大的热带雨林，其中有大量的热带植物种类。西双版纳的热带雨林终年郁郁葱葱，生息不止，能有效调节环境，吸收空气中大量的二氧化碳，释放大量的氧气。由于这里长夏无冬，丰富的水热条件和复杂多样的地貌，发育形成了多种多样的森林类型。正是这些丰富多样的森林植被，把西双版纳装扮得多彩多姿。在热带雨林里，多种多样的植物，熙熙攘攘地生活在一起，既显示出万物竞争的勃勃生机，又充满了盘根错节、相依相恋的世代相伴之情。它们繁而不乱，占据着各自的空间，吮吸着大自然的阳光雨露。巨大的板状根、老茎生花果、飞舞的巨藤、空中的花园等神奇的生态现象吸引着人们的目光。

西双版纳热带雨林中还有许多奇特的植物景观：最上层是树干高大的望天树等，有的望天树高达80多米；中层一般是高大笔直的乔木，主要有红光树等；中下层则为普通的乔木；下层多为低矮灌木；最底层主要是各类杂草和苔藓。在西双版纳热带雨林中还可以看到多种珍贵而奇特的动物。这里栖息着孔雀、亚洲象、长臂猿等多种珍禽异兽。得天独厚的条件使西双版纳赢得了"植物王国"、"动物王国"、"孔雀之乡"、"大象乐园"等美誉。

野象谷

西双版纳的热带雨林、热带季雨林里，独树成林的景观比比皆是。著名的一株成林独树，树高达28米，树龄在200年以上，属热带、亚热带的大叶榕。该树主干中部生长的众多气生根，顺树而下，相互交缠，盘于根部；左右两侧的主枝上，有32条大小不等的气生根垂直而下，扎入泥土，形成根部相连的丛生状支柱根，塑造出一树多干的成林景致。这种气生根形成的自然景观十分引人注目。

　　西双版纳野象谷位于勐腊自然保护区南缘，坐落在昆洛公路 684～685 千米路段的西侧，是西双版纳最令人神往的森林公园和观赏野象活动的景区。由于此地的河流分为三岔，故又名三岔河森林公园。野象谷以其特有的热带原始森林景观和数量较多的野生亚洲象而著称于世。

若尔盖大草原

　　若尔盖大草原是地处我国四川、甘肃、青海三省交界处的中国川西北大草原，包括若尔盖、阿坝、红原、壤塘四县，为中国五大草原之一。若尔盖大草原是四川省最大的草原，面积近 3 万平方千米，由草甸草原和沼泽组成。若尔盖大草原地势平坦，一望无际，人烟稀少。大草原水草丰茂，原始生态环境保护良好，形成了山水秀丽、景色迷人的草原风光。这里有著名的九曲黄河第一湾和花湖。

　　若尔盖大草原位于青藏高原东部边缘地带，地处阿坝藏族羌族自治州北部。境内地形复杂，若尔盖大草原南部的鹧鸪山巍然挺立，气势雄伟，原始森林与雪山草地、河谷农田交相辉映。这里是我国三大湿地之一，草地连绵，积水成沼，河流蜿蜒其间；湖泊星罗棋布，独成一道风景。

若尔盖大草原

　　黄河与长江流域的分水岭将草原上的若尔盖县划分为东西两个截然不同的地理单元和自然经济区。东部群山连绵，峰峦叠嶂；西部草原广袤无垠，水草丰茂，牛羊成群，素有"川西北高原的绿洲"之称。中西部和南部为典

漫长的地貌变化

型丘状高原，地势由南向北倾斜，平均海拔 3500 米。境内丘陵起伏，谷地开阔，水系发达，水草丰茂，主要河流有嘎曲、墨曲和热曲，从南往北汇入黄河。北部和东南部山地系秦岭西部群山的余脉和岷山北部尾端，境内山高谷深，地势陡峭，海拔 2400～4200 米，主要河流有白龙江、包座河和巴西河。

若尔盖大草原的花湖自然保护区，风景十分优美。花湖位于若尔盖县城西北约 40 千米处，此处是青藏高原最大的高原湿地，花湖只是其中一个沼泽湖而已。花湖因每年 8 月浅水中的水草会在水中开出朵朵美丽的小花而得名。这里除了有清澈见底的湖泊外，还有一望无垠的被黄色、蓝色各色野花点缀着的大草原，周围是巍峨的连绵起伏的群山。花湖水面辽阔，水看似不深但下面却是深不可测的沼泽地。湖边生长着大片的芦苇丛，夏季翠绿，秋冬金黄。花湖还是我国珍稀保护动物"黑颈鹤"的栖息地。每年夏、秋季节，大量的黑颈鹤飞到这里繁殖后代，这里的湿地顿时充满了生机。

花　湖

呼伦贝尔草原

呼伦贝尔草原是中国温带天然优良草场、传统牧区，因其境内有呼伦、贝尔二湖，故名。呼伦湖像一颗晶莹硕大的明珠，镶嵌在呼伦贝尔草原上。呼伦湖与东南方相距 250 千米的贝尔湖被称为姊妹湖，并成为呼伦贝尔草原的象征。贝尔湖位于呼伦贝尔草原西南地区，湖形椭圆，长约 33 千米，宽 20 千米，面积约 600 平方千米，平均水深 8 米左右，东南有源于中国大兴安岭特尔莫山的哈拉哈河注入，西北角有乌尔逊河与呼伦湖相通。贝尔湖水质良好，湖内盛产鲤鱼。

呼伦贝尔草原位于内蒙古自治区东北部的呼伦贝尔盟，东起大兴安岭西麓，西至中蒙、中俄边界；北起额尔古纳市境内的根河南岸，南至中蒙边界；东南一隅与兴安盟接壤。呼伦贝尔草原面积9万多平方千米，其中天然草场面积占80.1%。呼伦贝尔草原，以它茫茫的草原、浩瀚的森林和古朴多姿的民族文化而著称于世，被人们誉为绿色之净土，北国之碧玉。

呼伦贝尔草原

受喜马拉雅运动的影响，呼伦贝尔草原的东部和西部隆起为丘陵和低山，中央陷落成谷地，海拔多在650～700米，大部分被第四纪风沙及砾石层掩盖。呼伦贝尔草原夏季温和短暂，冬季严寒漫长。呼伦贝尔草原的天然草场以干草原为主体，包括林缘草甸、草甸草原、河滩与盐化草甸及沙地草场等多种类型，有野生种子植物600多种，占优势的牧草主要有羊草、贝加尔针茅、大针茅等。这里是著名的三河牛、马和锡尼河牛、马的产地。呼伦贝尔草原西部大面积草场退化，东部大面积草场未利用，地形和缓，水源较丰富，改良利用条件好。滨州铁路横贯呼伦贝尔草原。这里的重要城镇有海拉尔市、满洲里市。

呼伦贝尔草原上牧草茂密，每平方米生长20多种上百株牧草；有药材约400种，兽类约35种，禽类约200种，鱼类约60种；草原白蘑、秀丽白虾、三河牛、蒙古羊享誉国内外。呼伦贝尔草原河流纵横，大小湖泊星罗棋布。呼伦贝尔草原上的主要河流有海拉尔河、额尔古纳河、伊敏河、辉河、锡尼河、莫尔格勒河、哈拉哈河、根河、乌尔逊河、克鲁伦河等。每到夏季，这里草长莺飞，牛羊遍地。星罗棋布的河流、湖泊，是呼伦贝尔草原自然风光中的又一奇观。不同的地理环境使呼伦贝尔草原的河流千姿百态，各具特色。

漫长的地貌变化

河流在山林中水势湍急，而到了草原则温顺平缓，九曲回肠。"天下第一曲水"的莫尔格勒河长约150千米，宛如一条玉带，延伸在呼伦贝尔草原上。

呼伦贝尔草原上最为吸引人的应该是蒙古包。蒙古包是游牧民族为适应游牧生活而创造的一种居所，易于拆装，便于游牧，自匈奴时代起就已出现，一直沿用至今。蒙古包呈圆形，四周侧壁分成数块，每块高130～160厘米、长230厘米左右，用条木编成网状，几块连接，围成圆形，其上盖伞骨状圆顶，与侧壁连接，帐顶及四壁覆盖或围以毛毡，用绳索固定，西南壁上留一木框，用以安装门板。蒙古包的帐顶留一圆形天窗，以便采光、通风，排放炊烟，夜间或风雨雪天覆盖上毛毡。蒙古包最小的直径为300厘米左右，大的可容纳数百人。蒙古包分固定式和游动式两种。半农半牧区多建固定式，周围砌土壁，上面用草搭盖；游牧区多为游动式。游动式又分为可拆卸和不可拆卸两种，前者以牲畜驮运，后者以牛车或马车拉运。

呼伦贝尔草原锡尼河畔的蒙古族是个游牧民族，现在大部分已经定居生活了，但是还有一些零散的半定居的"泥包"。"泥包"建筑的外形很像蒙古毡包，它用柳条构筑再和泥覆盖，里面打上木地板，架起火炉来，室内十分暖和。

昆士兰湿热地区

昆士兰湿热地区，位于澳大利亚东部的昆士兰州，1988年根据自然遗产的遴选标准被列入《世界自然遗产名录》。这一地区位于澳大利亚的最东北端，绝大部分地区由潮湿的森林组成。这里的环境特别适合于不同种类的植物、袋鼠以及鸟类生存，同时给那些稀有的濒危动植物也提供了良好的生存条件。崎岖的山路、浓密的热带雨林、湍急的河流、深邃的峡谷、白色的沙滩、绚丽的珊瑚礁、活火山和火山湖，构成了昆士兰湿热地区奇特的美景。

其他奇观　🔍 SEARCH

知识小链接

热带雨林

　　热带雨林是地球上一种常见于北纬10°、南纬10°之间热带地区的生物群系，主要分布于东南亚、澳大利亚、南美洲亚马孙河流域、非洲刚果河流域、中美洲、墨西哥和众多太平洋岛屿。热带雨林地区长年气候炎热，雨水充足，正常年降雨量为1750~2000毫米，全年每月平均气温超过18℃，季节差异极不明显，生物群落演替速度极快，是地球上过半数动物、植物物种的居所。

　　在澳大利亚昆士兰州的大分水岭以东，沿库克敦往南，经昆士兰州首府布利斯班到新南威尔士州北部的狭长地带，是一片绿色的世界，在植物学上被称为澳大利亚东北部植物亚区。这就是昆士兰的热带雨林，面积达8979平方千米。在来自热带太平洋的东南信风的影响下，昆士兰雨水充足，最高峰巴特尔弗里尔山的年降雨量有1200~9000毫米。昆士兰的森林很有特色，树木高大，有些树高达50米。这里由于树冠遮住了太阳，地面照不到阳光，所以森林里小树很少。森林在昆士兰的沿海区域比较茂盛。由于海拔高度不同，气温也不一样，昆士兰从茂密的热带雨林到寒冷的山地羊齿类植物，共有13种森林植被。

　　昆士兰湿热地区是少有的几个能够全部满足《世界自然遗产名录》四个条件的地区之一。它展现了地球上生物进化历史过程的主要阶段，是一个突出表现生态与生物进程的实例，包含了最高级的自然现象，是最重要的保有自然生物多样性的生物栖息地。昆士兰湿热地区面积约9000平方千米，这一地区包括许多国家公园，如：德恩蒂国家公园、巴龙乔治与乌龙努兰国家公园。这里是澳大利亚保存的最广阔的湿热带雨林保护区。这里也有其他的生物群落，但最多样和最美丽的群落就是雨林。这些雨林几乎保存着世界上最完整的地球植物进化记录。昆士兰湿热地区是世界上最集中地保存着原始开花植物种群的地区。澳大利亚已知的雨林中再也没有像这里这样多样化的了。这些雨林有着众多的层次和不同的植物种类，差不多有30种雨林群落在这里

漫长的地貌变化

出现，红树林的种类也有着许多变化。

昆士兰湿热地区是世界上为数不多的几块尚未被人类开发的地区之一。几千年前，土著人就开始在热带雨林生活，但现在仅存 500 人左右。他们至今仍讲本民族独特的语言，保持着本民族的文化习俗。

在昆士兰热带雨林中，最具代表性的特种植物有：楝树、香椿、贝壳杉、蒲葵、南洋杉、金合欢、红胶木、哈克木、木麻黄、香樱桃、苏铁、杜鹃、白藤、铁线莲、茉莉、菝葜、刺树叶、罗汉松、露兜树、榕树、蚌壳蕨等。走入昆士兰热带雨林，仿佛置身于一个绿色的世界。在这片原始密林中，有众多在其他任何地方难觅的澳大利亚特有植物。在这里的热带雨林中有一种热带兰科植物——香子兰，其根茎可长到 15 米，是世界上最大的兰科植物；有一种能刺伤人的澳大利亚荨麻树，它的叶片很大，但却像鸟的羽毛一样柔软，如果谁不小心碰到它，叶片马上会分泌一种毒素刺伤人的皮肤；有一种寄生植物无花果树，它寄生在别的大树上，其根系特别发达，垂下来像一根根绳索，紧紧地把寄生的树扼住，直至寄生的树枯死为止。

昆士兰热带雨林的面积虽然只占澳大利亚大陆总面积的 1.2‰，这里却生活着澳大利亚 1/3 的袋鼠和树袋熊、3/5 的蝙蝠、约 3/5 的蝴蝶等昆虫、约 1/5 的两栖类动物、1/3 的爬虫类动物。而且，这里还生存着有 1.2 亿年历史的植物和昆虫。昆士兰的热带雨林有漂亮的凯恩斯凤蝶、黑蓝色的琉璃乌蝶，还有绿蟒、麝鼠和袋鼠，以及能发出猫叫声的"猫鸟"，能发出鞭子抽动声的"鞭鸟"。这片原始雨林中还生活着一些科学家们至今叫不出名字的鸟类和昆虫。

在昆士兰热带雨林中的众多动物中，树袋熊是最惹人关注和

广角镜

凤 蝶

凤蝶是昆虫纲，鳞翅目，凤蝶科蝶类的总称，全世界多达 850 余种，我国有近百种。凤蝶一般为大型昆虫，有 2 对翅，密生各色鳞片，形成多种绚丽有光泽的花斑，后翅臀区外缘呈波状并具有尾突，善于飞行。口器特化成虹吸式口器，平时呈螺旋状卷曲，吮吸花蜜时可伸直。

其他奇观

喜爱的动物之一。树袋熊（又名考拉）是澳大利亚奇特的珍稀原始树栖动物，属有袋哺乳类。它性情温顺，体态憨厚，长相酷似小熊，生有一对大耳朵，鼻子扁平，无尾，身披一层浓密的灰褐色短毛，胸部、腹部、四肢内侧和内耳皮毛呈灰白色，身长约 80 厘米，体重可达 15 千克左右。它四肢粗壮，尖爪锐利，善于攀树，整日以树为家，就连睡觉也不下来。由于树袋熊从桉树叶中得到了足够的水分，因此，一般很少饮水。

　　白天，树袋熊通常将身子蜷作一团栖息在桉树上，晚间才外出活动，沿着树枝爬上爬下，寻找桉树叶充饥。它胃口很大，食物的范围却十分狭窄，非桉树叶不吃。虽然澳大利亚有 300 多种桉树，可树袋熊只吃其中的 12 种。它特别喜欢吃玫瑰桉树、甘露桉树和斑桉树上的叶子。一只成年树袋熊每天能吃掉 1 千克左右的桉树叶。桉树叶汁多味香，因此，树袋熊的身上总是散发着一种馥郁清香的桉树叶香味。

树袋熊

帕木克堡

　　土耳其西部帕木克堡白色的梯形阶地，如同扇贝似的层层叠起，绒毛状的白色梯壁和钟乳石梯形阶地上有许多水池。这些富含矿物质的温泉水一直被认为具有治病的神奇功效。千百年来，富含矿物质的温泉一直享有能治病的美誉。在帕木克堡地区，白色的石头倒映在清澈的池水之中，就像结冰的瀑布；细长的石柱夹杂着夹竹桃的红花，在长满松林的山峰及灿烂的阳光衬托下，分外夺目。

> 漫长的地貌变化

　　帕木克堡的形成，早有"其为上古神灵收获和曝晒棉花的场所，久而久之棉花化为玉石而成"的传说。按照现代科学的解释，乳白色的"阶梯"是钙华，其主要组成成分是石灰质（碳酸钙），石灰质和溶洞里常见的钟乳石相近。这里的钙华来源于附近高原的温泉。雨水渗入地下，经过漫长的地下水循环，再以温泉的形式涌出，整个过程中水溶解了大量岩石中的石灰质和其他矿物质。当泉水涌出，顺高原边缘流淌时，石灰质逐渐析出，沉积在沿途上，而且其结晶析出的规律是在水流的波折处更容易发生沉积，凸者愈凸，久而久之，阶梯状的钙华堤就形成了帕木克堡的梯壁。

帕木克堡

　　阶地和钟乳石分布范围约有2000米长，500米宽，是附近高原上喷出的火山温泉造成的。雨水溶解岩石里的石灰质和其他矿物质，渗入地下成为泉水。泉水从高原边缘向下流淌时，便把这些矿物质沉积于山侧。长年累月，凡是泉水流过的地方都包上一层石灰质，逐渐形成了白色闪光的梯壁、阶地和钟乳石。

　　科学家发现，富含矿物质的温泉可以治疗或减轻风湿、高血压和心脏病。帕木克堡泉水治病的功效在2000多年前就已经出名了。据说古希腊城邦小国白加孟（土耳其西海岸附近的古希腊城邦）的国王尤曼尼斯二世曾在附近有喷泉的高原上建造了希拉波利斯城，现在帕木克堡上的废墟即由这个古城而来。公元前129年，希拉波利斯城成为罗马帝国属地，曾被之后的几代罗马皇帝选为王室浴场。再以后这里在老城的基础上屡建新的建筑，有宽阔的街道、剧院、公共浴场，还有用渠道供应温水的住宅，盛极一时。这时泉水的治病功效至少在公元前 190 年就已闻名遐迩了。

还有一种说法，据说白加孟国王尤曼尼斯二世是以白加孟国传奇式的创始人特利夫斯的妻子希拉的名字为此城命名的。到了公元 2 世纪，这里又建造了有不同温度浴室的浴场。洗澡的人先在冷水浴室里洗，接着到中温浴室往身上涂油，最后到高温和蒸汽浴室，用叫作擦身器的刮板把身上的油脂和污垢刮去。有的浴室中人们还发掘出医疗用具及珠宝。

> **你知道吗**
> **白加孟**
>
> 白加孟位于爱琴海旁，公元前 2 世纪时曾繁荣一时，现在是以拥有古希腊时期的王国遗迹而闻名。这些遗迹规模很大，有可容纳超过 2000 人的大圆形剧场，许多神殿的废墟、体育馆和运动场的遗迹，散布在广大的范围内。

帕木克堡有一种植物和帕木克堡一样闻名遐迩，那就是夹竹桃。生长在帕木克堡的夹竹桃所开的红花与白色的阶地形成鲜明的对照。夹竹桃是直立灌木，高可达 5 米，叶长 7～15 厘米，宽 1～3 厘米，中脉于背面突起，侧脉密生而平行，边缘稍反卷；花为红色（栽培品种有白花的），常为重瓣，芳香，果长 10～20 厘米；种子顶端有黄褐色种毛；花果期为 4～12 月。

巨人之路

在英国北爱尔兰安特里姆平原边缘，沿着海岸在玄武岩悬崖的山脚下，由 4 万多根巨柱组成的贾恩茨考斯韦角从大海中伸出来。这 4 万多根大小均匀的玄武岩石柱聚集成一条绵延数千米的堤道，被视为世界自然奇迹。这里就是巨人之路。

巨人之路又被称为巨人堤或巨人岬，这个名字起源于当地的民间传说。一种说法是由巨人芬·麦库尔建造的。他把岩柱一个又一个地移到海底，那样他就能走到苏格兰去与其对手芬·盖尔交战。当芬·麦库尔完工时，他决

漫长的地貌变化

定休息一会儿。而同时,他的对手芬·盖尔穿越大海来估量一下他的对手,却被睡着的巨人那巨大的身躯吓坏了。尤其是在芬·麦库尔的妻子告诉他,芬·麦库尔事实上是巨人的孩子之后,芬·盖尔在考虑这小孩的父亲该是怎样的庞然大物时,也为自己的生命担心。他匆忙地撤回苏格兰,并毁坏了其身后的堤道。现在堤道的所有残余都位于安特里姆海岸上。

另外一种说法是爱尔兰国王军的指挥官巨人芬·麦库尔力大无穷,一次在同苏格兰巨人的打斗中,他随手拾起一块石块,掷向逃跑的对手。石块落在大海里,就成了今日的巨人岛。后来他爱上了住在内赫布里底群岛的巨人姑娘,为了接她到这里来,才建造了这么一条堤道。

巨人之路

从空中俯瞰,巨人之路这条赭褐色的石柱堤道在蔚蓝色大海的衬托下,格外醒目,惹人遐思。但是是什么样的自然力量造就了这一举世闻名的奇观呢?真像人们传说的一样,巨人之路是人为建造的吗?

现代地质学家的研究解开了巨人之路之谜。数千万年以前,雏形期的大西洋开始持续地分裂和扩张。大西洋中脊就是分裂和扩张的中心,也即是分离的板块边界。上地幔岩浆从中脊的裂谷中上涌,覆盖着大片地域,熔岩层层相叠。现今爱尔兰和苏格兰两岛的熔岩高原就是当时大规模的熔岩流形成的。熔岩冷却后形成玄武岩,岩浆凝固过程要发生收缩,而且收缩力非常平均,以致裂开时形成规整的六棱柱体,这种过程有点像泥潭底部厚厚的一层泥在阳光下曝晒干裂时的情景。贾恩茨考斯韦角的玄武岩石柱自形成以来的千万年间,受大冰期冰川的侵蚀及大西洋海浪的冲刷,逐渐被塑造出这一奇特的地貌。每根玄武岩石柱其实是由若干块六棱状石块叠合在一起组成的。

波浪沿着石块间的断层线把暴露的部分逐渐侵蚀掉，把松动的搬运走，最终，玄武岩石堤的阶梯状效果就形成了。

巨人之路海岸包括低潮区、峭壁，以及通向峭壁顶端的道路和一块平地。峭壁平均高度为100米。火山熔岩在不同时期分五六次溢出，因此形成峭壁的多层次结构。

巨人之路是这条海岸线上最具有玄武岩特色的地方。大量的玄武岩石柱排列在一起，形成壮观的玄武岩石柱林，气势磅礴。石柱不断受海浪的冲蚀，在不同高度处被截断，导致巨人之路呈现参差不齐的台阶状外貌。

组成巨人之路的石柱的典型宽度约为0.45米，延续约6000米长。有的石柱高出海面6米以上，最高者可达12米左右。也有的石柱隐没于水下或与海面一般高。这些石柱构成一条有台阶的石道，宽处又像密密的石林。类似的柱状玄武岩地貌景观，在世界其他地方也有分布，如苏格兰内赫布里底群岛的斯塔法岛、冰岛南部、我国南京市六合区的柱子山等，但都不如巨人之路表现得那么完整和壮观。巨人之路是这种独特现象的完美表现。巨人之路和巨人之路海岸，不仅是峻峭的自然景观，也为地球科学的研究提供了宝贵的资料。

阿拉斯加极光

阿拉斯加是美国最大的州，位于北美大陆西北端，东与加拿大接壤，另三面环北极海、白令海和北太平洋，按地理区划可划分为西南区、极北区、内陆区、中南区和东南区。极北区是出现极光和极昼的地区。极光最常出没在南北纬67度附近的两个环状带区域内，分别称作南极光区和北极光区。北半球以阿拉斯加、北加拿大、西伯利亚、格陵兰、冰岛南端与挪威北海岸为主。

北极附近的阿拉斯加、北加拿大是观赏极光的最佳地点。阿拉斯加的费

漫长的地貌变化

尔班克斯更赢得"北极光首都"的美称，一年之中有超过 200 天的极光现象。阿拉斯加的西娜温泉、基利、阿利阿斯卡等地也是观赏极光的好地方。阿拉斯加等地的天空中，美丽的极光还呈现出变幻无穷的形状，一会是帷幕状、弧状，一会又是带状和射线状等多种形状。极光瞬间变动的形体，吸引了不少观赏者。

极光的形成与太阳活动息息相关。在太阳活动极大年，可以看到比平常年更为壮观的极光景象。在许多以往看不到极光的纬度较低的地区，也能有幸看到极光。2003 年 10 月 29 日晚，在美国的阿拉斯加，极光不同于以往的绿色，呈现了更多的色彩。当夜，红、蓝、绿相间的光线布满夜空中，场面极为壮观。虽然这是一件难得一遇的幸事，但在往日平淡的天空中突然出现了绚丽的色彩，在许多地区甚至还造成了恐慌。在美国阿拉斯加的费尔班克斯还出现过黑极光。黑极光是指正常亮极光之间的暗带，也称反极光。正常的极光是电子或带负电的粒子沿着地球的磁场冲向地球大气，撞击地球大气分子，使它们电离而发出的辉光。黑色的反极光，则是地球电离层中带负电的粒子，从地球磁场线的间隙被吸出去所产生的现象。这种黑色的反极光延伸的高度可达 2 万多千米，持续时间有时长达数分钟。

阿拉斯加极光

知识小链接

磁极

磁极是指磁体上磁性最强之处，分为 N 极和 S 极。同性磁极相互排斥，异性磁极相互吸引。

产生极光的原因是来自大气外的高能粒子（电子和质子）撞击高层大气

中的原子的作用。这种相互作用常发生在地球磁极周围区域。现在所知，作为太阳风的一部分的带电粒子在到达地球附近时，被地球磁场俘获，并使其朝向磁极下落。它们与氧和氮的原子碰撞，击走电子，使之成为激发态的离子，这些离子发射不同波长的辐射，产生出红、绿或蓝等色的极光特征色彩。在太阳活动盛期，极光有时会延伸到中纬度地带，例如，在美国，南到北纬40度处还曾出现过北极光。极光最后都朝极地方向退去，辉光射线逐渐消失在弥漫的白光天区。造成极光动态变化的机制人们尚未完全弄清。

大多数极光出现在地球上空 90～130 千米处，但有些极光要高得多。在地平线上的城市灯光和高层建筑可能会妨碍我们观赏极光，所以最佳的极光景象要在乡间空旷地区才能观察得到。

在阿拉斯加，极光是吸引游客的一大亮点，而另一处亮点居然是当地居民——爱斯基摩人。爱斯基摩人多住在北极圈内的格陵兰岛（丹麦）、加拿大的北冰洋沿岸和美国的阿拉斯加州。爱斯基摩人都是矮个子、黄皮肤、黑头发，这样的容貌特征和蒙古人种相当一致。爱斯基摩人是由亚洲经两次大迁徙进入北极地区的，经历了 4000 多年的历史。在世界民族大家庭中，爱斯基摩人无疑是一个强悍、顽强、勇敢和坚韧不拔的民族。

爱斯基摩人建造的冰屋

传统的爱斯基摩人过着近乎原始的生活，他们四处打猎，靠天吃饭，生产力水平非常低，每天为食物而奔波。与之相适应的是，爱斯基摩人有共享自然资源的传统，只有武器、日常生活用具和衣服归个人所有。现在真正的爱斯基摩人大约只有 15 万人，他们的生活今非昔比，已经相当现代化了。

漫长的地貌变化

瓦尔德斯半岛

瓦尔德斯半岛位于阿根廷巴塔哥尼亚地区丘布特省东北部沿海，濒临大西洋，有大量鲸、海豹和企鹅出没。这里是全球海洋哺乳动物资源的重点保护区，是鲸的庇护地，也是南美海象、海豹和海狮繁衍生息的理想场所。瓦尔德斯半岛全境都在丘布特省的自然保护区内，半岛90%

瓦尔德斯半岛

以上都是高原地形，其余为倾斜的海滩和悬崖。多少个世纪以来，海水的侵蚀使这里的海岸形成了一个斜坡。突出的瓦尔德斯半岛与南部的陆地几乎交接，形成了一个圆形的平静海湾，为海洋野生动物和海鸟提供了一个天然庇护所。

瓦尔德斯半岛内海拔最低处低于海平面35米，最高处海拔仅100米。瓦尔德斯半岛由一系列的海湾、悬崖、海岸以及岛屿组成。瓦尔德斯半岛的海岸线长达400千米，其东端是包含一些小岛的长达35千米的瓦尔德斯海湾。瓦尔德斯半岛气候湿润，年降水量在240毫米左右，冬季平均气温为0～15℃，夏季平均气温在15～35℃，一年之中最热的月份是2月。

瓦尔德斯半岛是非常重要而有意义的天然动物栖息地。这个地区一些濒危物种的资源保护具有突出的全球性价值。瓦尔德斯半岛是大量哺乳动物和海鸟的避难所。这些动物在岛内广阔的水域内可以找到丰富的食物，并能寻找到良好的地方来建巢搭穴。在这里，鲸可以在干净的水域里交配产仔。1990年有1200头鲸光顾过瓦尔德斯半岛。而且统计数字表明，到瓦尔德斯半岛水域的鲸以每年7%的速度递增。每年的8月末到10月初是海豹交配繁殖的季节，10月份的第一周是海豹繁衍的高峰期。瓦尔德斯半岛是阿根廷最北的海豹繁育基地，世界上其他海豹栖息地主要位于南极洲的一些岛屿上。瓦尔德斯半岛同时也是海狮的重要栖息地。瓦尔德斯半岛水域的其他哺乳动物有食肉动物逆戟鲸等。

瓦尔德斯半岛的陆生哺乳动物有骆马，它们在岛内随处可见。该岛其他的陆生哺乳动物还有巴塔哥尼亚野兔和阿根廷灰狐。瓦尔德斯半岛内的鸟类种类繁多，达181种，其中66种是候鸟。企鹅是瓦尔德斯半岛最大的动物家族，有大约4万个活动的巢穴分布在岛内的5个栖息地。该岛的第二大家族是海鸥，有6000多个活动巢穴。其他生活在这里的鸟类有鸬鹚、大白鹭、黑冠苍鹭和普通燕鸥等。对于在海滩生活的候鸟来说，滩涂是最重要的栖息地。

逆戟鲸

趣味点击　普通燕鸥

普通燕鸥，鸟纲，鸥形目，鸥科。普通燕鸥喜欢栖息在沿海水域，有时在内陆淡水区。普通燕鸥主要以小鱼、虾、昆虫等小型动物为食。普通燕鸥的寿命一般可达23岁，有的能达到23岁以上。

每年的6～7月份是南半球的冬季，生活在南极大陆周围海域的巨鲸纷纷北上避寒，瓦尔德斯半岛上的皮拉米德海湾是它们选择的最佳越冬地。抹香鲸是世界上现存的11种大型鲸类之一。它的身躯为黑色，只是在腹部有些许白斑。与其他海洋哺乳动物不同，抹香鲸雌性比雄性个头大，身长13～16米，重35吨；雄性一般长12米，重30吨。抹香鲸目前已经濒临灭绝，全世界仅存4000～5000头，其中约1/5在瓦尔德斯半岛附近越冬繁殖，因此这里成为独一无二的抹香鲸观赏地。瓦尔德斯半岛可观赏抹香鲸的时间很长，

> 漫长的地貌变化

5月至12月都可以看到，以9、10两个月最多。每到观鲸季节，成群结队的巨鲸掠过湛蓝的海面，有的头顶喷出两道水柱，形成"V"形，那是它们在呼吸；有的突然腾空而起，跃出水面；还有的拍打数米长的巨鳍，发出巨响。

瓦尔德斯半岛海域还有另外一种鲸类出没，那就是逆戟鲸。它们的特点是黑背白肚皮，背鳍上有很大的白斑。与其他鲸类不同的是，逆戟鲸的牙齿没有，保留着锋利的牙齿。逆戟鲸2~4月和10~11月在瓦尔德斯半岛海域出现。它们长8~9.5米，重5~9吨，强有力的尾鳍产生向前的动力，胸鳍则保持身体的平衡与前进方向。逆戟鲸有一个绰号叫"杀人鲸"，这是因为它们不仅吃鱼类，也吃其他哺乳类动物，海龟、企鹅也是它们的佳肴。逆戟鲸采用一种特殊的捕食方法，它常常搁浅在浅滩中，然后张大嘴靠近猎物，静等其上钩。尽管它们有时也捕食海狮、海豹，但仍以捕食海鱼为主。

距瓦尔德斯半岛约100千米的海岸边，有一个凸出的地方，叫作"童破角"，站在这里的海滩高处放眼望去到处都是企鹅，有的结队蹒跚而行，有的在树荫下闭目养神，有的在海中游水嬉戏。在"童破角"方圆50千米内，栖居着几百万只麦哲伦企鹅。它们比南极企鹅形体小，站立时30~40厘米。同样是白肚皮黑脊背，但脖子上多了一个白环，看上去比南极企鹅还要漂亮。

麦哲伦企鹅属于企鹅目企鹅科，体长为70厘米，分布于阿根廷和智利的南部及附近岛屿，不能飞但善游泳和潜水，走路摇摆，能将腹部贴在冰面上滑行。它们以鱼类、软体动物和甲壳动物等为食。这里地势开阔，附近海边的丘陵地由砂石形成的冲积土层很适于筑窝。麦哲伦企鹅的窝有的在树下，有的在露天沙地上。

麦哲伦企鹅